최고의 부모

자녀의 인생을 결정짓는 부모의 역할과 자세

최고의 부모

초판 1쇄 인쇄 2022년 5월 9일
초판 1쇄 발행 2022년 5월 16일

지은이 주경심

발행인 백유미 조영석

발행처 (주)라온아시아
주소 서울특별시 서초구 효령로 34길 4, 프린스효령빌딩 5F

등록 2016년 7월 5일 제 2016-000141호
전화 070-7600-8230 **팩스** 070-4754-2473

값 17,000원
ISBN 979-11-92072-51-7 (13590)

자녀의 인생을 결정짓는 부모의 역할과 자세

최고의 부모

주경심 지음

RAON BOOK

프롤로그

'한계'를 느끼는 순간이 오더라도

인생은 문제의 연속이며 그 문제를 해결하는 과정에서 변화와 성장을 경험하게 된다. 결혼, 출산, 양육뿐만 아니라 사춘기, 갱년기, 이별과 만남 등 살아가면서 경험하는 많은 것들이 이벤트가 되고 에피소드가 된다. 누군가는 이런 과정들을 인생에서 풀어야할 숙제, 즉 발달과업이라 부르기도 하지만 어떻게 불리든 모두 인생이 주는 문제이자 변화의 계기가 되는 것은 분명하다.

2020년은 내 삶에 커다란 문제와 변화가 시작된 한 해였다. 두 달 사이로 갑자기 부모님이 돌아가셨고, 그때 인간으로서 '나'를 돌아보게 했던 한마디가 바로 '한계'였다. 지방에 있는 작은 병원에서 수술하고, 네 번의 항암 치료만 받으면 집으로 갈 거라 믿었던 엄마는 머리부터 뼛속까지 암이 전이 되었고 방사선 치료를 한다고 해도 길어야 1년 정도밖에 살지 못한다는 선고를 받았다.

"수술했던 병원에서는 전이도 없고, 좋아지고 있다고 했어요"라는 나의 말에 의사가 한 말이 바로 한계였다. '병원이 보유하고 있는 의료기기의 한계', 즉, 엄마는 병보다 기술과 임상의 '한계'로 일찍 돌아가신 것이다.

내가 말하고자 하는 것은 이 '한계'라는 것이 건강이나 질병에 국한되지 않는다는 것이다. 인생의 꿈을 찾거나, 누군가와 관계를 맺거나 아니면 가정을 이뤄 자식을 키울 때도 '한계'는 곁에 있을 수 있다. 나는 그중에서도 가정, 부모의 역할에 관해 이야기하고자 한다. 본인이 아는 방식, 배운 방식, 할 수 있는 방식으로만 아이들을 지도하고, 그것이 옳다고 우기고 있는 부모로서의 한계로 인해 선택의 기회조차 얻지 못하는 아이들이 많이 있다.

지금 이 순간에도 많은 아이가 아파하고, 감정과 정서가 피폐해지고 어릴 때부터 스스로 자신의 역할과 가능성에 한계를 지은 채 '나는 원래 이래'라고 합리화하곤 한다. 이유는 간단하다. 아이들은 부모를 미워할 수 없다. 그 부모가 아무리 무지하고, 일방적이고, 폭력적이어도 아이들에게 부모는 전부이고, 우주다.

부모가 내린 진단과 부모가 알려주는 방식이 아이들에게는 '기술'이고, '경험'이 된다. 그러니 불평은 할지언정 미워할 수 없고, 버릴 수도 없는 것이다. 사실 나 또한 엄마의 죽음 이전에 벌써 '한계'를 경험했었다. 스물다섯 꽃 같은 나이에 결혼해, 이듬해 1월 큰아이를 출산했고, 2년 뒤 철저한 사전 준비와 계획하에 둘째를 낳으면서 10년을 엄마로만 살았다. 주변에 아이를 맡아줄 사람도 없었지만, 누군가가 아이들을 돌봐준다 해도 그 시간에 마땅히 할 게 없었다.

당시의 나는 고졸에 아이보다 더 아이 같아서 삶이나 사회 경험도 부족했고, 준비도 안 된 엄마였다. 그러니 아이들이 눈 뜨는 순간부터 잠자는 순간까지 함께 노는 게 할 일의 전부였다. 그러다 아이들이 학교에 들어가면서부터 문제 아닌 문제들이 하나둘 터지기 시작했다. 두 아이의 성향이 너무 다른 것도 문제였지만 큰아이가 엄마인 나와 너무 달라서 나는 언제나 그 아이를 뜯어고치기 위해 혈안이 되어 있었다.

"넌 왜 그렇게 걷니?", "왜 그렇게 말하니?", "왜 그렇게 느리니?", "왜 그것밖에 못 하니?" 등 어설픈 아이를 엄마로서 당연히 지적하며 고쳐가며 키우면 되는 줄 알았다. 그런데 뜯어고치려는 사람과 자신을 지키려는 사람이 부딪히면 누가 이길까? 정답은 '둘 다 다친다'이다.

아이는 아이대로 매번 지적을 받고 혼나다 보니 주눅이 들고, 나는 나대로 매번 지적할 거리를 찾다 보니 예민해지고 아무리 지적해도 고쳐지지 않는 아이를 보면서 분노와 무력감을 경험했다. 거기에 엄마와 큰아이의 갈등 상황에서 감정의 파편을 맞은 둘째는 둘째대로 눈치를 보고, 손톱을 물어뜯었다.

그러던 어느 날, 나는 언제나처럼 아이의 고쳐야 할 점을 찾아 '지적질'을 하고 있는데, 잔뜩 겁에 질린 채 대답도 못 하는 아이 눈 안에서 생경한 누군가가 나를 쳐다보고 있었다. 먹잇감이라도 발견한 듯 아이를 잡아먹을 듯 노려본 채 잔뜩 화가 난 그 누군가는 바로 '나'였다. 나의 화난 모습을 온전히 눈 안에 담은 채로 덜덜 떨고 있는 아이를 보고서야, '이러다 내가 아이를 죽일 수도 있겠구나!'라고 깨닫게 된 것이다.

그때부터 아이를 이해하기 위해 그리고 엄마라는 타이틀을 앞세워 고작 화만 낼 줄만 알았던 나를 이해하기 위해 공부하기 시작했고 매일 조금씩 변하려고 노력했다. 그렇게 계속해서 아이들을 안아주려고 다가갔지만 한번 무너진 관계와 신뢰는 쉽게 회복되지 않았다. 내가 다가가면 아이가 뒷걸음쳤고 아이가 다가올 때 내가 뒷걸음치는 나날들이 나에게 엄마로서, 인간으로서 매일 '한계'를 경험하게 했다.

누구나 자녀로부터 존경받는 부모가 되는 것은 아니다. 낯선 곳에 가기 전에 우리는 많은 것을 준비하게 된다. 부모가 되기 위해서는 사랑하는 사람을 만나고, 결혼 준비도 필요하지만 어떤 부모가 될 것인가를 먼저 생각해보고, 고민해보고 여러 가지 준비도 해야 한다.

부모 본인이 본 것, 받은 것, 아는 것, 경험한 것을 거르지 않고, 의심 없이 던진다면 아이는 아이의 삶이 아닌 엄마 또는 아빠가 살고자 했던 삶을 대신 살아가면서 허덕일 뿐이다. 부부는 결혼도, 출산도 선택할 수 있지만, 아이들은 부모도, 출생도 선택할 수 없다. 그러니 부모가 선택에 대한 책임을 지는 게 맞을지도 모른다. 그렇기에 그 과정에서 좀 더 준비된 자세가 필요하다.

아이가 부모와의 신뢰를 바탕으로 세상을 탐험하듯 부모 역시 사랑과 관심으로 아이라는 낯선 세계를 탐험할 준비를 해야 한다. 소풍 갈 때 엄마가 챙겨준 밴드 하나가 넘어져 피가 날 때 희망이 되듯 부모는 부모의 관점과 가치관으로는 아이를 이해하기 어렵더라도 아이들이 살고 싶은 색깔대로 그들만의 미래를 준비하고, 그 미래를 향해 기꺼이 나아갈 용기와 희망을 찾도록 대비하고 도와주어야 한다.

자녀를 진정으로 사랑하는 방법은 자녀를 믿어주고, 이해해줌으로써 얻을 수 있다. 훌륭한 양육법은 자녀의 눈을 통해 느끼고, 자녀의 표정으로 조율하고, 자녀의 웃음으로 평가받는다. 부모 교육은 결국 '다름'을 이해하고, 인정하는 것이다.

'왜'가 아니라 '어떻게' 그리고 '무엇을' 이해하고 인정해야 하는지 등 내가 지금까지 직접 겪고, 다양한 가족들을 만나면서 듣고 배운 것들을 담고자 노력했다. 책에 담겨 있는 한 명, 한 명의 아이들과 부모의 진솔한 얘기를 읽어가며 내 아이와 가슴으로 만날 기회를 꼭 찾길 바란다.

주경심

핵심 감정 테스트

나는 어떤 감정으로 사는가

1. 아래 표의 항목 중 평소 나의 행동과 느낌을 말해주는 항목에 ∨표시를 한다.
2. ∨표시가 많은 감정이 당신의 핵심 감정일 가능성이 높다.

1. (　　　　　)개

대인관계	위축되어 있다		긴장되어 있다		요구를 못 한다		거절을 못 한다	
가족관계	집에서는 파김치다		늘 지쳐 있다		가족들이 내 눈치를 본다		가족을 피한다	
일 / 공부	잘 하려고 노력한다		혼자 다 한다		할 일이 산더미 같이 쌓여 있다		새로운 시작이 어렵다	
강점	열심히 산다		맡은 바를 다한다		든든하다		긍정적으로 생각한다	

2. (　　　　　)개

대인관계	이기려고 한다		지고는 못 산다		조급하다		전투적이다	
가족관계	비교를 잘한다		무시한다		표현이 자극적이다		경쟁 대상으로 본다	
일 / 공부	1등이 되어야 한다		상대가 있으면 더 잘한다		이기는 데에만 집중한다		사소한 일에 목숨을 건다	
강점	집중력이 있다		포기하지 않는다		성공 지향적이다			

3. (　　　　　)개

대인관계	남의 탓을 잘한다		건드리면 터진다		권위에 반항적이다		자존감이 낮아 상처를 잘 받는다	
가족관계	조종하려 한다		지배하려 한다		책임지려 한다		인정해주지 않으면 화를 낸다	
일 / 공부	확실하다		장단점 파악을 잘한다		조직관리 능력이 있다			
강점	의리 있다		정의감 있다		설득을 잘한다			

4. (　　　　　)개

대인관계	소심하다		기가 죽어 있다		인정받으려고 애쓴다		경쟁적이다	
가족관계	비난한다		마음에 들지 않아 한다		헌신적이다		잘하도록 부추긴다	
일 / 공부	자책한다		책임감 있다		잘하려고 기를 쓴다		쉽게 포기한다	
강점	자기 자신을 잘 안다		반성 능력이 있다		비교 분석을 잘한다		끊임없이 자기 계발을 한다	

5. (　　　　　)개

대인관계	사람을 좋아한다		혼자 있고 싶어 한다		기대고 싶어 한다		함께하고 싶어 한다	
가족관계	속 터지게 한다		밖으로 돈다		은근슬쩍 상대방이 하도록 한다		상처를 줄까 봐 화를 못 낸다	
일 / 공부	시작을 잘한다		벌려 놓고 마무리를 안 한다		혼자서 한다		일 또는 공부할 때 기분 변화가 심하다	
강점	무사태평이다		다른 사람을 편안하게 해준다		현재의 삶을 즐긴다		주관이 뚜렷하다	

6. (　　　　　)개

대인관계	애잔하다		살갑다		친절하다		미련이 많다	
가족관계	걱정이 많다		간섭이 많다		다정다감하다			
일 / 공부	우유부단하다		이상주의적이다		일에 애정이 많다		자기 것을 잘 챙긴다	
강점	감수성이 풍부하다		대화를 즐긴다		사람을 잘 챙긴다		마당발이다	

7. (　　　　　)개

대인관계	잘 삐진다		샘이 많다		잘난 체하는 꼴을 못 본다		공주병 또는 왕자병이 있다	
가족관계	나만 바라봐주기를 바란다		'놀아줘'를 입에 달고 산다		친밀하고 싶어 한다		0순위이기를 바란다	
일 / 공부	최고가 되려고 한다		나만 잘하면 된다		쌤통이다		다른사람을 인정하지 않는다	
강점	자존심이 있다		감수성이 예민하다		감정을 잘 알아차린다		잘났다	

8. (　　　　　)개

대인관계	눈치를 본다		조심스럽다		다가가지 못한다		자기주장이 약하다	
							상처받을까 봐 두려워한다	
가족관계	엄격하게 대한다		편하게 대하지 못한다		두려움 때문에 화를 잘 낸다			
일 / 공부	실패를 두려워한다		시작하는 것이 힘들다		시간이 걸린다		상대방의 평가에 민감하다	
							혼자서 끙끙거린다	
강점	안정적인 걸 추구한다		예의 바르다		끈기가 있다		긍정적으로 생각한다	

9. (　　　　　)개

대인관계	상처를 잘 준다		예민하다		관계가 힘들다		감정을 참는다	
가족관계	성질부린다		짜증낸다		잘 삐진다		긴장감을 느끼게 한다	
일 / 공부	시원하게 한다		홧김에 저지른다		갈등을 일으킨다		일에 화풀이 한다(일중독)	
강점	추진력이 있다		에너지가 많다		뒷끝이 없다			

10. (   )개

대인관계	관계 불감증		자주 연락이 두절된다		신경 쓰이게 만든다		매사가 귀찮다	
가족관계	표현을 잘 못한다		자신에게 화가 난다		답답하게 만든다		천불이 나게 한다	
일 / 공부	멍하다		결과물이 없다		엄두가 안 난다		잠으로 도피한다	
강점	경제적이다		무리하지 않는다		겸손하다		엄청난 잠재력이 있다	

11. (   )개

대인관계	썰렁하게 한다		무의미하게 만든다		초월한 척한다		힘 빠지게 한다	
가족관계	힘들게 한다		허기지게 한다		왕따를 당한다			
일 / 공부	의욕이 없다		흥미가 없다		게으르다			
강점	경계가 없다		욕심이 없다		초연하다		수용력이 있다	

12. (   )개

대인관계	기대에 부응하려고 애쓴다		조용하다		사라지고 싶다		공평하게 대하지 않으면 슬퍼진다	
가족관계	'미안해'를 입에 달고 산다		감정을 꾹꾹 눌러 둔다		가족들을 기쁘게 한다		필요한 존재가 되려고 노력한다	
일 / 공부	주위를 실망시키지 않으려고 노력한다		열심히 한다		헌신적으로 한다			
강점	알아서 잘한다		다른 사람의 심정을 잘 헤아린다		꺼이꺼이 잘 운다			

13. (   )개

대인관계	근심 걱정을 많이 한다		망설인다		두려워 조심한다		안절부절한다	
가족관계	확인 전화를 자주 한다		잔소리가 많다		강박적이다		통제하려고 한다	
일 / 공부	완벽하게 준비한다		깔끔하다		철저하게 계획한다		여기저기 손을 댄다	
강점	순발력이 있다		세세하게 표현한다		분위기 메이커다		열정적이다	
							솔직하고 투명하다	

14. (　　　　　　)개

대인관계	자기를 보호하기 위해 거리를 둔다		위협을 느낄 때 관계를 한다		속으로는 떨고 있다		'죽기 살기로'라는 심정이다	
가족관계	냉랭하게 대한다		공포 분위기를 조성한다		천진난만하다		장난기가 있다	
일 / 공부	빈틈없다		꼼꼼하다		한순간도 놓치지 않는다		끝장을 본다	
강점	창의적이다		상상력과 아이디어가 풍부하다		속내가 따뜻하다		여리다	
							리더십이 있다	

15. (　　　　　　)개

대인관계	거리를 둔다		단짝을 만든다		무관심한 척한다		먼저 다가와주길 기다린다	
가족관계	소원하다		적막하다		무미건조하다			
일 / 공부	제대로 하려고 한다		완벽하게 하려 한다		시도가 어렵다		비난을 두려워한다	
강점	완벽하다		끈끈하다		집중력 있다		노골적으로 관심을 보인다	

16. (　　　　　　)개

대인관계	초긴장상태다		공격적이다		아군 아니면 적군이다 (아군이 별로 없다)		적개심을 드러내기 두려워 외면한다	
가족관계	감정 표현이 극단적이다		삭막하다		쓸쓸하다			
일 / 공부	실패는 죽음이다		죽기 살기로 한다		'내가 죽든지 네가 죽든지 해보자'라는 심정이다			
강점	올인한다		목표지향적이다		위기 대처 능력이 있다			

해석 방법

1번부터 16번까지 표시한 각각의 개수를 세어서 적어보자. 항목마다 빈 칸이 있거나 두 칸으로 나뉘어 있는 부분도 동일하게 체크하고 세면 된다. ∨표가 많은 감정이 당신의 핵심 감정일 가능성이 높다. 핵심 감정은 나의 행동과 사고와 감정을 지배하는 중심 감정이다.

1. 부담감		2. 경쟁심		3. 억울함		4. 열등감	
5. 외로움		6. 그리움		7. 질투		8. 두려움	
9. 화		10. 무기력		11. 허무		12. 슬픔	
13. 불안		14. 공포		15. 소외		16. 적개심	

출처 : 강민성, 〈핵심감정상담의 태아기 재경험기법에서 내담자의 교정적 정서경험에 대한 질적 분석 : 문화기술적 연구〉, 창원대학교, 2014.

차 례

2장

지식 말고 지혜를 튜닝하는 부모 되기

3장

학습도 진로도 재로고침이 필요하다

4장

소통과 관계, 잘 맺어야 잘 통한다

5장

아이들의 말에는 번역기가 필요하다

1장

나는 어떤 부모인가

나 자신의 가치관을 점검하자

이유를 찾지 못하면 삶은 허무하다

석공 세 사람이 열심히 돌을 쪼고 있는 모습을 보고 지나가는 행인이 물었다. “이보시오. 무엇을 하고 있는 것이오?”

첫 번째 석공이 대답했다. “보면 모르오? 그냥 돌을 쪼며 놀고 있는 것이오.” 두 번째 석공이 대답했다. “돌을 쪼아야 돈을 벌 수 있으니 돈을 버는 것이오.” 세 번째 석공이 대답했다. “보다시피 나는 역사에 남을 건물을 짓고 있는 것이오.”

돌을 쪼고 있는 행위는 같지만 세 명의 석공은 질문을 던진 행인에게 각각 다른 대답을 했다. 그렇다면 위 세 명의 석공 중에 누가 가장 훌륭한 삶을 살고 있을까? 사람마다 삶에 다른 의미를 부여하고, 다른 가치관과 인생관을 갖고 있으므로 세 석공은 모두 훌륭하다. 즐거움을 가장 우선순위에 두는 이라면 첫 번째 석공이 이해가 될 것이고, 돈을 가장 중시한다면 두 번째 석공을 이해하고,

명예를 가장 높이 친다면 세 번째 석공에게 공감할 것이다.

애플 창업자인 스티브 잡스는 "우리의 핵심에 있는 것은 우리의 가치관이며, 우리가 내리는 결단과 행동은 그 가치관의 거울이다"라고 말했다. 이 말을 조금 더 풀어보면 내가 하는 일이 어떻게 보이는가가 중요한 것이 아니라, 그 삶이 자신에게 어떤 의미이며 어떤 목표를 향해 나아갈 것인지를 찾는 것이 중요하다는 뜻일 것이다.

만약 즐거움이 가치관인 사람에게 어떤 선택이든 돈을 기준으로 선택하라고 알려주었다고 하자. 그래서 그 사람이 들은 대로, 배운 대로 돈을 좇으며 살아간다면 그 삶을 행복하다고 할 수 있을까? 아니, 그가 자신의 삶에서 진정한 행복을 느낄 수 있을까? 통장에 잔고는 쌓여가고 삶은 풍요해지겠지만 '사람은 어떻게 살아야 하는가?'라는 질문 앞에서 항상 허전하고 공허함을 경험할 수밖에 없을 것이다.

돈이 인생의 전부라 믿는 요즘 아이들

2020년 교육부가 중고등학생을 대상으로 한 '진로현황 조사'에 따르면 청소년들이 희망하는 직업은 운동선수, 프로게이머, 크리에이터(유튜버, BJ, 스트리머 포함), 연예인, 만화가가 상위를 차지했고 그 뒤를 교사, 경찰, 의사, 법률가 등이 차지한 것으로 조사되었다.

지금의 청소년들이 꿈는 희망 직업은 부모 세대와 많이 달라졌다. 청소년들의 장래 희망이야 늘 당대에 유행하는 직업이 각광 받는 것이 자연스러운 현상이다. 그러나 현재 아이들이 희망하는 직업은 부모들이 삶에서 접해본 적이 없는 것들이 태반인 데다, 부모와 자녀의 희망 직업이 서로 일치하지 않기 때문에 가족 간에 갈등이 발생할 수 있다. 하지만 이보다 더 크고 심각한 문제가 따로 있다. 바로 아이들이 그 직업을 희망하는 '이유'다.

아이들에게 왜 그 직업을 희망하느냐고 물으면 대부분 '돈을 많이 벌 수 있기 때문'이라고 대답한다. 그리고 이런 현상은 아이러니하게도 나이가 어릴수록 더 높아진다. 부모 세대보다 경제적으로 풍요로운 시대에 태어나 더 좋은 문화적 혜택을 누리고, 더 좋은 환경에서 살아가고 있는 아이들이 왜 부모 세대보다 더 돈에 집착하게 된 걸까?

돈이 제일 중요하다고 말하는 아이들에게 추가로 돈을 벌어서 무엇을 할 것이냐고 물으면, 자신들이 가지고 싶어 하던 것들을 다 사겠다고 대답한다. 사고 싶은 것들을 다 사고 나서 그 뒤엔 어떻게 할 것인지 물으면 아이들은 주저하면서 대답하지 못한다. 돈의 쓰임새는 알지만 돈을 벌어서 결국 무엇을 얻고 싶은지는 생각하지 못했기 때문이다.

20세기 프랑스 시인이자 비평가인 폴 발레리(Paul Valery)는 "용기를 내어 그대가 생각하는 대로 살지 않으면 머지않아 그대는 사는 대로 생각하게 된다"라고 했다. 아이들이 미래에 대한 그림을 그리지 못하는 것은 삶의 가치관이나 인생관 없이 본 대로, 들은 대로 삶을 살고 있기 때문일 것이다. 다양한 환경 안에서 많은 것을 경험하고, 누리고, 즐기며 살고 있지만 미래를 살아갈 삶의 기준점을 어떻게 삼아야 하는지에 대해서는 아직 제대로 된 생각이나 고민을 해본 경험이 없기 때문이다. 그리고 이런 현상은 어쩌면 대부분의 부모 세대도 동일하게 겪고 있는 문제일지도 모른다.

가치관이 없으면 휩쓸려가게 된다

2019년 청소년 경찰학교에서 '부모와 자녀의 의사소통'을 주제로 한 강연에 초대받아 부모 교육을 진행한 적이 있다. 당시 나는 참석한 부모들에게 자녀에게 바라는 것을 한 가지씩 얘기해보라고 요청했다. 질문을 받은 부모들의 답변은 다양했다.

"안 아프면 되죠. 그거 하나예요."

"그냥 저랑 잘 지냈으면 좋겠어요."

"맡은 일 잘하고, 친구들과도 잘 지내고, 공부도 잘하면 좋죠."

다음으로 부모들에게 '가치관이 무엇인가?'에 대해 다시 한 번 질문을 던졌다. 첫 번째 답변을 한 부모의 가치관은 '건강'이라고 했다. 몸이 아파본 후에 건강의 중요성을 새삼 깨닫게 되었고, 자녀들에게 건강 외에는 바라지 않게 되었다고 했다. 두 번째 부모의 가치관은 '관계'였다. '사람 위에 사람 없고 사람 밑에 사람 없다'는 생각으로 주변 사람을 챙기며 살다 보니 오히려 인생이 풍성해진 느낌이 들어서 아이들도 그렇게 살기를 바란다고 했다. 그런데 세 번째 답변을 한 부모는 질문에 선뜻 대답하지 못했다. 그 부모는 평소에 삶에서 가장 중요하게 삼는 것 한 가지를 꼽아서 생각해본 적이 없을 것이라는 짐작이 들었다. 그러니 사회에서 바라거나 타인이 기대하는 모습으로 살고 있고, 자녀들에게도 그런 모습을 기대하는 것이다.

학생이니 공부 잘하고, 친구도 잘 사귀고, 맡은 일도 잘하면 얼마나 좋을까? 인생에는 중요한 것도 많고 놓치고 싶지 않은 것들도 많다. 부모의 입장에서 내 아이가 다방면으로 잘해주기를 바라는 것은 당연하다. 하지만 모든 것을 다 잘해야 한다는 부모의 기대는 아이들에게는 부담으로 작용할 수밖에 없다. 결국 부모를 만족시키지 못하는 아이는 좌절하게 되고, 삶의 만족도도 떨어지게 된다.

세상에 나쁜 가치는 없다. 하지만 좋은 것을 모두 가질 수는 없다. 두 마리 토끼를 쫓다 보면 두 마리 다 놓치게 된다. 의외로 많은 가정이 이렇다. 가장 중요하게 삼아야 할 가치와 기준을 자녀들과 이야기하지 않은 채 시간을 흘려보낸다. 자신만의 가치관은 세상사에 흔들릴 때 '나'라는 존재가 뽑혀나가지 않도록 꽉 붙들어주는 뿌리가 된다. 그리고 부모는 아이들에게 그 뿌리가 단단히 자리 잡을 수 있도록 알려주고 기다려주는 사람이 되어야 한다.

모든 것을 손에서 놓아버린 태호

고등학교 1학년 태호는 내가 만난 학생 중에 다섯 손가락 안에 꼽을 만큼 총명하고 똑똑한 아이였다. 초등학교 때부터 공부든, 친구 관계든, 선생님과의 관계든 모든 면에서 타의 추종을 불허했다. 그런 아들을 통해 엄마는 자신의 불우한 어린 시절을 보상받는 것 같았고, 또 주변 사람들의 부러움 섞인 말들로 자존감도 높아졌다.

문제는 태호가 중학생이 되면서부터였다. 태호가 공부를 조금만 더 잘했으면 좋겠다는 욕심이 엄마에게 생겼던 것이다. 엄마는 아이의 친구를 차단하고, 주말에도 노는 것을 허락하지 않았다. 상이 걸린 대회란 대회에 모두 아이를 내보냈고, 상을 받으면 주변 사람들에게 한껏 자랑했다. 태호는 힘들었지만 엄마가 기뻐하는 모습과 엄마의 '이번이 마지막'이라는 말에 다시 책상에 앉았다.

하지만 고등학생이 된 태호는 엄마에게 만족이란 없으며, 자신은 엄마 인생을 빛내주는 데 필요한 도구일 뿐이라는 생각을 하게 되었고, 급기야 모든 것에서 손을 놓아버리고 더 이상 아무것도 하지 않기로 결심했다.

성격도 좋고, 친구도 많고, 취미도 다양하고 모든 분야에서 뛰어났던 태호였지만 남은 건 온 방을 장식한 상장들뿐이었다. 엄마는 태호를 볼 때마다 다시 착했던 예전의 그 아들로 돌아와 달라고 했지만, 더 이상 엄마의 가치관에 따라 움직이지 않기로 다짐한 태호는 엄마의 목소리에 아무런 반응도 하지 않았다.

아이들이 인생 각본을 짜게 하자

캐나다 출신의 정신의학자 에릭 번(Eric Berne)의 교류분석 상담

이론(Transactional Analysis)에 따르면 '평생을 어떻게 살 것인가?' 하는 '인생 각본'은 5세 이전에 형성된다고 한다. 유아들은 5세를 전후로 주 양육자인 부모가 보이는 행동과 말, 문제해결 방식, 정보 수집 방식, 대인관계 방식, 삶의 중요도를 결정하는 여러 모습들을 보면서 '아! 나도 저렇게 살아야겠다' 또는 '저렇게 살아야 되는 것이구나!' 하고 인생의 기본 줄거리를 만들게 된다는 것이다. 그리고 그렇게 만들어진 삶의 프레임은 7세 무렵에 각 부분의 주요 내용을 완성하고, 12세쯤까지 환경 안에서 선택하고 다듬어지면서 아이의 가치관이 되며, 아이는 자신의 '일'과 '관계' 안에서 그 '각본'에 맞춰 살게 된다고 한다.

물론 에릭 번의 이론이 아니더라도 부모는 아이들이 최초로 만나는 대상이고 세상이며 우주다. 아이들은 자신의 부모가 삶에서 선택하는 모든 것들을 스펀지처럼 빨아들이고, 그것이 '진리' 또는 '사실'이라고 의심 없이 받아들이기 때문에 부모의 존재는 아이의 가치관 형성에 커다란 영향을 미친다.

그런데 부모에게 그러한 가치관 자체가 없다면 어떻게 될까? 기준점을 잡아주지 못하는 부모는 그릇된 기준점을 알려주는 부모만큼 위험하며 무책임하다. 아이들이 스스로 자기 인생의 각본을 짤 수 있도록 환경을 조성해주는 부모가 되어야 하는 이유가 여기에 있다.

가치관은 지문처럼 다양하다

상담을 하다 보면 "나는 우리 아이와 너무 안 맞아요" 하면서 고민하는 부모님을 자주 만난다. 아이를 만나 보면 아이 역시 자신은 엄마(또는 아빠)와 맞는 구석이 하나도 없다고 불만을 털어놓는다. 이런 불일치의 원인은 무엇일까?

자녀가 성장해 자의식이 생긴 뒤부터는 아이도 나름대로 자기만의 가치관을 세우기 마련이다. 그런데 이 시기에는 아이와 부모의 가치관이 잘 맞지 않는 경우가 생기고, 이때 갈등을 빚게 된다.

전설적인 가수 엘비스 프레슬리는 "가치관은 지문과 같아서 가치관이 같은 사람은 아무도 없지만 당신이 하는 모든 것에 그 흔적이 남는다"라고 했다. 그만큼 삶에 있어 가치관은 중요하며 다양하게 존재한다는 것이다. 부모가 아이에게 자신의 가치관을 주입하려 하거나 강요해서는 안 되는 이유도 여기에 있다.

안정되고 평범한 삶이 최고라고 믿는 부모와 도전하는 삶을 살고 싶은 아이는 각자의 가치관으로 인해 삶의 여러 장면에서 사사건건 부딪칠 것이다. 아이가 원하는 학과보다 부모가 원하는 학교를 선택하도록 강요하고, 적성에 맞는 직업이 아니라 공무원 시험을 보아서 평생 편안하게 살라고 한다면? 돈보다 열정적인 꿈을 좇아 살기를 원하는 아이의 입장에서는 부모의 선택이 지루하고 심심한 삶을 살라는 강요가 될 것이다. 따라서 둘 사이에 타협점을 찾기 힘들고 계속 부딪치게 될 것이다.

부모가 아이와 가치관 경쟁을 하지 않고 아이의 가치관을 인정하려면 부모 스스로 자신의 가치관을 점검해봐야 한다. 그리고 자신의 가치관이 과연 정답인지 점검하고, 아이의 가치관과 어떻게 다르고 무엇이 같은지도 살펴봐야 한다. 다음 표는 이를 체크하고 알아보기 위한 간단한 문항이다. 살펴보고 가족 모두 서로의 가치관을 알아보는 기회로 삼아보자. 훨씬 다양하고 개성 넘치는 가족들의 면면을 알 수 있을 것이다.

표를 활용해 가족 가치관 경매 놀이를 해보자. 놀이 방법은 간단하다. 먼저 사람들이 중요하다고 생각하는 가치나 본인이 중요하게 생각하는 가치들을 적은 뒤에 순위를 매긴다. 참가 인원에게는 각자 1천만 원이 주어졌다고 가정한다. 그 돈으로 표에 있는 가

가족 가치관 경매 놀이

순위	가치관 종류	배당금
	평생을 쓰고도 남을 돈	
	무엇과도 바꿀 수 없는 친구	
	편안한 노후	
	평화로운 마음	
	행복한 가정	
	모두가 부러워하는 직장	
	모두에게 명령할 수 있는 권력	
	모든 사람의 존경	
	생각만 해도 행복한 취미	
	누구보다 뛰어난 나만의 능력	
	지치지 않는 에너지	
	건강한 신체	

치관을 살 수 있다. 다만 가치관에 따라 배당(가치관의 가격)을 다르게 한다. 각자 금액을 나누어 배당금을 채워 적은 후 각 가치관을 하나씩 경매에 붙인다. 예를 들어 '평생을 쓰고도 남을 돈'에 엄마는 200만 원, 아빠는 100만 원, 딸이 300만 원을 배당했다면 '평생을 쓰고도 남을 돈'은 딸이 낙찰받는 것이다.

이렇게 게임을 하고 나면, 자신이 배당받은 가치관의 종류가 어렴풋하게 나온다. 이 게임을 통해 부모나 자녀가 생각하는 가치관의 결을 알아볼 수 있다. 각자가 중요하게 생각하는 가치관이 무언지 알아보고, 왜 그렇게 생각하는지 서로 이야기해보자. 가족 안에서도 가치관이 얼마나 다른지 알 수 있으며 서로에 대한 이해를 높일 수 있다. 다만 배당금 100원 차이로 가치관을 빼앗기는 경우도 있으니, 낙찰 유무보다는 각자의 가치관에 집중해 이야기를 나누도록 하자.

지도자가 아닌 부모가 되라

부모는 자녀를 모르고 있다

'자녀를 이해하기 위한 대화법'을 주제로 초등학교에서 부모 교육을 진행한 적이 있다. 사전에 부모 교육에 참여하고자 하는 학부모를 대상으로 '대화하기 가장 힘든 문제가 무엇인가?'에 대해 설문 조사를 진행했는데, 압도적으로 1위를 차지한 공통된 답변이 있었다. 바로 '불통', 즉 대화의 소재가 문제가 아니라 대화 자체가 되지 않아 고민이라는 것이었다.

고학년 아이를 둔 학부모의 경우, 성과 관련한 문제에 어떻게 대응해야 하는지 알려달라는 요청도 많았지만, 학년과 성별을 가리지 않고 부동의 1위를 차지한 것은 바로 '불통'이었다. 이와 같은 결과가 시사해주는 바는 크다. 바로 부모들은 아이들과 진심으로 대화를 원하지만 대화 방법을 모른다는 것 그리고 아이들을 위해 최선을 다하고 있지만 대화에서부터 거부당하고 있다는 것 등이다.

또 학부모들의 답변에는 몇 가지 공통점이 있었다. '다 자기들 잘되라고 하는 말인데 왜 안 듣는지 모르겠다', '도대체 뭐가 부족해서 남들보다 못하는지 이해할 수가 없다', '할 수 있는 건 다 해봤는데 뭘 더 어떻게 해야 할지 모르겠다'는 호소였다. 부모 교육 강사인 내 관점에서 볼 때 크게 눈에 띈 부분은 두 가지였다. 하나는 부모들이 자신들의 노고를 몰라주는 자녀에 대한 서운함과 염려를 적절한 단어와 감정으로 표현할 줄 모른다는 점 그리고 너 나 할 것 없이 자녀를 위해 무언가를 '더 하려고' 한다는 점이다.

'어머!'와 '뭐어?' 사이, 부모가 학부모로 변할 때

아이가 스스로 걷고 말을 하는 시기에 부모들이 가장 많이 내뱉는 감탄사는 '어머'이다. 아이가 재채기만 해도 "어머! 재채기하는 것 좀 봐. 재채기했어요? 아유 잘했어요"라며 아이가 보내는 사인에 즉각적으로 긍정적이고 성장을 촉진하는 반응을 해준다. 아이가 휴지라도 한 칸 스스로 뜯는 날엔 "어머, 이런 걸 다 할 줄 아네!"라며 칭찬하고, 아이가 걷기라도 하는 날엔 그야말로 온 집안이 난리가 난다. 그렇다면 아이들이 초등학교에 들어가 학부모가 된 뒤 가장 많이 내뱉는 감탄사는 무엇일까?

정답은 '뭐어(뭐)?'이다. 시험 성적이 나오면 맞힌 숫자가 틀린 숫자보다 훨씬 많은데도 "뭐~어? 틀려? 몇 점이라고?" 하며 아이를 닦달한다. 마치 아이가 학원에서 공부하는 시간에 부모들은 잔소리하는 법에 대해 수업이라도 받은 것처럼 말이다. 그리고 사사건건 "뭐어?"를 부르짖으며 아이가 보이는 모든 변화와 반응을 또래 아이들과 비교하고, 잘하는 점보다 부족한 점을 찾아 기어이 지적하고야 만다. 아이를 평가하고, 더 잘하라고 종용한다.

그 이유는 너무나 분명하다. 내 아이가 잘못될까 봐, 다른 아이보다 뒤처질까 봐 그리고 지금은 비록 뒤처지지 않았지만 언제라도 뒤처져서 잘못될까 봐 염려하는 마음 때문이다. 그래서 부모들은 그렇게 하지 않을 수 없다고, 그것이 맞다고 믿어 의심치 않는다.

부모가 학부모가 되면서 달라지는 것들은 또 있다. 부모는 자녀의 건강을 염려하고, 학부모는 자녀의 성적을 염려한다. 부모는 자녀가 다치지 않기를 바라고, 학부모는 자녀가 친구보다 뒤처지지 않기를 바란다. 부모는 친구와 잘 지내라고 말하고, 학부모는 친구는 경쟁자라고 말한다. 글자 순서만 바뀌었을 뿐인데, 그리고 한 글자만 더해졌을 뿐인데 왜 이런 차이가 생기는 걸까?

친구는 정말 부모 덕을 못 본 것일까?

사업을 크게 하는 친구가 있다. 인생 경험에서부터 돈, 사람, 여유까지 아쉬울 게 별로 없는 친구인데, 살면서 갖게 된 단 하나의 아쉬움이 있다면 부모님에 대한 것이라고 말한다. 부모가 자신에게 세상을 살아가는 방법과 돈 버는 방법에 대해 어릴 때부터 알려줬더라면 자기는 조금 더 일찍 성공했을지 모른다는 것이다.

하지만 실제로 부모님의 관여가 친구를 더 일찍 성공하게 했을지는 알 수 없는 일이다. 그 친구의 부모님은 초등학교만 겨우 졸업하고 농사를 천직으로 알고 살아오신 분들이다. 해가 뜨면 밭에 나갔다가 해가 지면 집으로 돌아와 이불 한켠에 몸을 누이는 천생 농부였기에, 누가 봐도 돈 버는 방법을 잘 알고 있으리라고 기대하기는 어려웠다.

오히려 그분들께서 단지 부모라는 이유로 자식에게 세상 사는 법, 사람 대하는 법, 돈 버는 법에 대해 간섭하거나 가르치지 않았기에, 그 친구는 직접 발로 뛰고 경험하면서 남보다 빨리 성공하게 된 것이 아닐까? 그리고 간섭 대신 묵묵히 성실하게 자신의 일을 하시던 모습이 백 마디 말보다 더 큰 가르침이 되지 않았을까? 부모는 말보다는 몸소 실천하는 태도와 행동으로 가르침을 주는 존재이기에, 성실히 일하신 부모님의 생활 모습이 그 친구에게(비록 잘 느끼지 못할지언정) 알게 모르게 훨씬 큰 가르침이 되었으리라고 나는 확신한다.

코칭과 간섭의 차이

자식을 위해 그저 할 줄 아는 일만 묵묵히 해내셨던 예전 부모와는 달리 요즘 부모들은 시간적으로, 경제적으로 또 지적 수준에서도 무엇 하나 부족하지 않다. 그래서인지 부모가 누리고 있는 것들을 아이들 또한 누리기를 원하는 마음으로 아이들을 가이드하고 리드한다. 학습, 진로, 친구 관계 그에 더해 요즘은 돈과 성공에 관련된 부분까지도 아이들에게 들려주고 가르친다. 성공의 중요성, 사회에 잘 적응하고 돈을 버는 일의 중요성에 대해 강조하고 또 강조한다.

하지만 부모의 목소리가 커지고 분명해질수록 아이들은 부모에 대해 고마움보다는 원망이 커지고, 부모 자녀 관계는 날이 갈수록 나빠진다. 부모의 말이라면 귀를 닫고, 방문을 걸어 잠근 채 부모를 원천 차단하는 아이들이 늘어나는 이유는 무엇일까? 성공하지 않으면 도태된다는 부모의 말이 사실이라면 아이들은 그런 말을 해준 부모에게 오히려 감사해야 하지 않을까?

나는 그 원인이 부모들이 '부모'이기를 포기하고 '지도자'가 되려 하기 때문이라고 생각한다. 자녀에게 학습을 강조하거나 성공을 강조하는 일은 물론 필요하고, 부모가 해야 하는 역할일 것이다. 중요한 것은 그것이 왜 필요한지 그리고 궁극적으로 아이들 자신이 어떻게 살기를 바라는지, 지도자가 아닌 부모로서 아이를 설득시켜야 한다는 것이다. 이 과정에서 어느 부모는 성공하지만 어느 부모는 참패해버리고 마는데, 그 차이는 자녀의 욕구와는 무관한 가르침과 간섭이다.

귀를 그리지 않는 아이들

상담에 온 아이들을 대상으로 그림 검사를 해보면 귀를 생략하는 아이들이 의외로 많다. 그림을 그린 아이들조차 자신이 귀를 그리지 않았다는 것을 의식하지 못하다가 나중에서야 알고는 깜짝 놀라기도 한다.

그림 속 아이가 귀가 있다면 어땠을까? 하고 물으면 "또 잔소리 들었겠죠"라고 대답한다. 물론 잔소리를 하는 것은 대부분 부모들이다. 아이들은 자신이 원하지 않는 말을 끝없이 퍼붓는 부모를 피해서 무의식적으로 귀를 닫아버린 것이다. 그 아이에게 "만약 다시 귀가 생긴다면 그림 속의 이 아이는 어떤 말이 듣고 싶을까?" 하고 물었다. 그러자 아이는 '속상하고 슬픈 일이 있을 때 위로하는 말이나 공감해주는 말'이 듣고 싶다고 대답했다.

텔레비전을 포함한 다양한 매스컴에서 우리는 교육과 관련하여 극단적인 부모의 모습을 만나게 된다. 한쪽에서는 부모의 간섭 없이 자녀가 스스로 잘해서 부모를 빛나게 하는 모습이 있고, 다른 쪽에서는 지나친 간섭과 강요로 부모 자녀 관계가 파탄 나고, 그로 인해 부모의 인생조차 빛을 잃게 되는 경우를 볼 수 있다. 그러나 방송에서는 대부분 '스스로 잘하는 아이들은 드물다. 그러니 부모가 잘 이끌어줘야 한다'로 결론 내는 경우가 많다. 부모의 불안을 자극해 자녀에게 더 많은 교육과 정보를 제공하게 하는 것이다. 그리고 그렇게 하지 않는 부모는 무능력하고 무책임한 부모로 몰아붙이니, 다들 무리를 해서라도 자신의 아이를 우수한 그룹 안에 끼워 넣으려 애쓴다. 그 결과 부모와 자녀는 건널 수 없는 강을 건너게 된다.

내 아이를 보면 떠오르는 그것

물론 아이들을 보다 보면 여러 조언이 하고 싶어질 것이다. 하지만 그 순간 조언이 맞는지 간섭은 아닌지 한번 더 생각해봐야 한다. 부모들은 잔소리가 아닌 위로와 공감의 말이 듣고 싶다는 아이들의 호소에 귀를 기울여야 한다. 그것이 바로 부모의 역할이기 때문이다.

지금 내 아이를 보고 가장 먼저 떠오르는 단어가 무엇인가? 내 아이의 부족함이 먼저 보이고, 그 아이에게 해줄 잔소리가 먼저 떠오른다면 가만히 심호흡을 하며 생각해보기 바란다. 지금 하려는 말이 과연 아이를 위한 말인지 아니면 내 감정을 쏟아내기 위한 말인지.

내 문제를 아이 문제로 착각하지 마라

언제 어떤 상황에서든, 엄마는 화내는 사람

"엄마가 오늘부터는 절대 혼내지 않고, 네가 다 할 때까지 기다려줄게. 진짜야, 약속!"

재우가 좋아하는 치킨을 앞에 놓고 재우 엄마는 또 약속을 한다. 하지만 재우는 엄마가 내미는 손을 잡아야 할지 말아야 할지 고민이다. 약속을 안 하자니 엄마가 또 화를 낼 것 같고, 약속을 해도 엄마는 어차피 또 화를 낼 것이기 때문이다. 한 시간 전 재우는 좋아하는 게임을 하고 있었다. 그 시간은 재우가 게임을 해도 된다고 허락받은 시간이었다. 한참 게임을 하고 있는데, 퇴근해서 돌아온 엄마가 묻는다.

"재우야, 숙제했니? 준비물은 없어? 학원은 다녀왔어? 학원 숙제는?"

엄마는 재우가 대답할 틈도 없이 소나기처럼 질문을 했다.

"아니요. 그게…."

"박재우!"

엄마가 저렇게 부를 때는 곧 폭풍이 불어온다는 뜻이다. 슬그머니 스마트폰을 놓고 방으로 가려고 했지만 이미 늦었다. 화가 난 엄마의 목소리가 재우의 뒤통수에 꽂혔다.

"여기 와서 앉아봐! 그리고 네가 뭘 잘못했는지 생각하고, 생각이 끝나면 엄마한테 말해! 알겠어?"

재우는 엄마가 시키는 대로 거실 바닥에 앉아 생각하는 척을 했다. 하지만 아무리 생각해도 무엇을 잘못했는지 모르겠다. 게임을 하기로 한 시간에 게임을 했을 뿐이고, 가방은 조금 있다가 정리하면 되고, 숙제는 자기 전에 하면 된다. 거기까지 생각하고 나자 재우는 머릿속이 하얘지기 시작했다. 내가 뭘 잘못했다고 말을 해야 엄마의 화가 멈출지 알 수 없기 때문이다. 하지만 생각해내야 한다. 그렇지 않으면 엄마는 또 스마트폰을 빼앗고, 잠들기 전까지 혼을 낼 것이기 때문이다.

아이가 마음을 알아줄 거라는 착각

재우 엄마는 오늘도 업무 때문에 하루 종일 커피 한 잔 마실 틈 없이 바삐 움직였다. 몸은 절인 배추처럼 지쳐 있지만 빨리 가서 재우에게 맛있는 저녁을 해주고 싶어 동동걸음으로 집으로 왔다. 하지만 엄마를 맞이한 건 옷도 갈아입지 않고 거실 한구석에서 게임 삼매경에 빠져 있는 재우의 모습이었다.

엄마는 재우가 게임을 하는 것이 너무 보기 싫다. 게임중독에 빠질까 봐 걱정도 되지만 게임을 하면서부터 재우는 운동도, 미술도, 어렵게 시작한 바이올린에도 흥미를 잃어가고 있었다. 그래도 친구들과 소통을 위해 어느 정도는 필요한 것 같아서 허락을 해줬고, 게임을 하는 시간도 재우랑 의논해 하루에 한 시간으로 정했다. 그런데 막상 아무것도 하지 않고 게임에 넋을 빼긴 재우를 보니 화가 치밀었다. 그래서 불과 3일 전에 약속했던 것을 또 어기고 말았다.

재우의 엄마는 성격이 급해서 할 일이 있으면 빨리빨리 처리하는 편이다. 워킹맘으로 살면서도 설거지 한 번 미뤄본 적 없고, 아무리 귀찮아도 가족들 식사는 꼭 본인 손으로 차렸다. 그렇다고 회사 일을 소홀히 한 적도 없다. 직장에서도 능력을 인정받아 올해는 승진도 했고, 덕분에 남편에게 멋진 차도 선물했다. 단 하나 재우 양육 문제만 빼면, 재우 엄마는 더 이상 완벽할 수 없는 사람이다.

'내가 이렇게나 노력하는데, 왜 재우는 엄마 마음을 몰라줄까?'

엄마는 아이에게 서운한 마음이 가시지 않는다.

어디서부터 잘못된 것일까?

너무나 사랑스러운 아들이지만, 재우 엄마는 최근 들어 재우를 보면 사회적으로 인정받는 직장인, 좋은 엄마가 되겠다는 다짐이

한순간에 무너져버리고 마는 상황에 자주 맞닥뜨린다. 내 아이에게만은 좋은 엄마로 살아야지 하는 다짐은 간 데 없고, 텔레비전에서 마주치는, 아이들을 힘들게 하는 바로 그런 엄마가 되어버리곤 했다.

재우 엄마는 가끔 '재우가 내 아이가 맞나?' 하는 의구심마저 들 때가 있다. 기질상 느린 아이라고는 하지만, 할 일도 제대로 못 하고, 정리도 못하는 아이가 내 속에서 나왔다는 게 믿어지지 않는다. 느려도 지나치게 느린 아이를 볼 때마다 뭐가 잘못되어도 한참 잘못되었다는 생각이 든다. 그래서 기질 검사도 해보고, 상담도 해보고, 지켜지지 않을 걸 알면서도 약속도 하지만 아이는 좀처럼 달라지지 않았다.

그럴 때면 가끔 "어머니가 먼저 변화를 시도해보시는 게 어떤가요?"라던 상담사의 말이 떠올랐다. 하지만 태도와 방식을 바꾸어야 할 사람은 재우라는 생각에는 변함이 없었고, 그래서 왜 자신이 바뀌어야 하는지 동의할 수 없었다. 그러니 이런 문제가 발생할 때마다 어디서부터 어떻게 시작해야 할지 도통 모르겠다는 생각이 든다. 아무리 고민해봐도 아이가 내 말만 잘 들어주고, 따라준다면 문제 될 게 없다는 생각이다. 재우를 뺀 나머지 삶은 완벽에 가깝게 지켜나가고 있기에, 이 상황에서 자신이 무엇을 고쳐야 한다는 생각은 들지 않는다. 그럼에도 일주일에 두세 번은 반복되는 갈등 상황에 엄마도 재우도 지쳐가고 있었다.

하지만 아이와 약속했던 게임 시간을 보장해주지 못한 것에 대해서는 사과하고 싶었다. 엄마는 재우가 좋아하는 치킨을 시켰다. 먹을 생각도 하지 못한 채 잔뜩 주눅이 들어 있는 재우의 긴장된 눈빛을 애써 밀어내고, 엄마는 다짐하듯 단어 하나하나를 꼭꼭 씹어본다.

"재우야, 엄마가 미안해, 지금은 네가 게임하기로 했던 시간인데, 엄마가 몰라줘서."

그러나 재우는 아무런 반응이 없다. 오히려 아까보다 더 넋이 나간 표정이다. 이럴 때는 어떻게 해야 하는지 알지 못하는 엄마는 당황스럽기만 하다.

차라리 평소처럼 때리세요

엄마가 아이를 혼내고 화해를 위해서 아이가 좋아하는 음식을 주문해주고, 손가락 걸며 약속하는 모습은 재우네뿐만 아니라 많은 가정에서 흔하게 볼 수 있는 모습이다. 어떤 집은 치킨이겠지만 어떤 집은 아이가 좋아하는 외식 제안일 수도 있고, 아이에게 선심 쓰듯 허용하는 게임 시간이나 유튜브 시청 시간일 수도 있다.

사실 엄마와 게임 시간을 정할 때도 재우가 엄마의 제안에 전적으로 동의한 건 아니었다. 엄마는 합의된 약속이라고 말했지만 언제나 엄마 혼자만의 일방적인 약속이었고, 재우는 수동적으로 고개를 끄덕였을 뿐이다. 어디까지나 엄마에게 혼나지 않기 위해 보이는 자동적인 반응일 뿐이었다.

인간이 경험하는 가장 강력한 트라우마는 어린 시절 경험한 정서적 학대라고 한다. 재우는 일관적이지 못한 엄마의 양육방식 때문에 혼란스럽기만 하다. 그뿐만 아니라 엄마를 보면 좋으면서도 한편으론 또 어떤 부분을 지적받고 혼날지 몰라 항상 긴장하게 된다. 특히 지금처럼 엄마가 갑자기 친한 척을 하거나 친절하게 말을 걸어오면 더 혼란스럽기만 하다. 엄마가 차라리 한 대 때리고 스마트폰을 가져가버리는 게 더 편할 것 같다.

나는 아이에게 어떤 부모인가?

재우 엄마의 완벽주의 성향은 일을 할 때는 빛나지만 기질과 성향이 다른 재우와의 관계에서는 독으로 작용하고 있다. 같은 물도 벌이 마시면 꿀이 되고, 뱀이 마시면 독이 되는 것과 같다.

재우 엄마의 진짜 문제는 자신과 자녀에 대한 충분한 이해 없이 힘이 없는 아이에게서만 잘못을 찾는 것이다. 재우를 잘 안다고 생각하지만 그것은 착각이다. 그리고 재우가 당연히 자신의 말을 들어야 한다는 부모 파워로 마무리하는 것도 문제이다.

힘이란 약한 자를 보호하기 위해 얻는 것이다. 누군가를 공격하거나 통제하기 위한 수단이 아니며 그렇게 됐을 경우 억울한 사람이 발생할 수밖에 없다는 것을 지식으로, 경험으로, 상식으로 충분히 배웠음에도, 많은 부모들이 이런 사실을 종종 잊어버린다.

특히 자신과 성향이 다른 아이와 자주 부딪히면서 무엇이 문제인지도 모르고, 변화의 필요성도 느끼지 못하면서 해결점까지 찾지 못하는 부모라면 이제라도 스스로에게 질문을 던져야 할 것이다. 이 갈등의 원인이 과연 아이 자체의 문제인지, 그렇지 않으면 '내 문제'인지 말이다.

아이의 변화는
부모로부터 시작된다

열이 난다고 전부 감기는 아니다

한 아이가 열이 나서 응급실에 갔다. 원인을 찾기 위해 피검사, 소변검사는 기본이고 엑스레이 검사까지 했지만 원인을 찾을 수 없었고, 열도 떨어지지 않았다. 결국 들어본 적도 없는 여러 가지 심층적인 검사를 진행한 후에야 겨우 원인을 찾을 수 있었다.

어떻게든 열이 나는 원인을 찾았으니 이제 적절한 치료만 하면 된다. 요점은 열이 난다고 무조건 해열제만으로 해결될 수 없고, 모두 다 감기는 아니며, 설령 감기라고 해도 감기에도 여러 종류가 있고 독감은 일반 감기와는 다른 치료를 받아야 한다는 것이다. 하지만 열이 나는 상황에서조차 '이건 그냥 감기야'라고 우기는 부모가 있다.

현진이의 이유 있는 반항

현진이 엄마는 현진이의 반항적인 태도가 무척 마음에 들지 않았다. 특히 어린 동생을 못살게 구는 모습을 보면 머리가 지끈거리고 화가 났다. 때려도 보고, 타일러도 봤지만 현진이의 태도는 바뀌지 않았다. 그래서 기대를 접는 이유로 사춘기려니 하고 이해하고 넘어가려고 했다. 하지만 며칠 전 누나랑 놀겠다고 방으로 들어가는 동생을 밀쳐서 아이 얼굴에 크게 멍이 드는 사건이 발생했고, 그 일을 계기로 현진이가 반항하는 이유를 반드시 알고 고쳐야겠다는 생각으로 상담실을 찾게 되었다.

상담실에 들어서면서도 현진이는 예의라곤 찾아볼 수 없을 만큼 반항적인 모습을 보였다. 현진이 엄마는 타인에게 딸의 단점을 얘기한다는 것이 누워서 침 뱉는 일이라고 생각하면서도, 답답한 마음을 누구라도 알아줬으면 하는 바람으로 현진이로 인해 발생했던 여러 사건들을 털어놓았다.

다음으로 현진이가 얘기할 차례가 되었다. 그러나 현진이는 상담실에 들어올 때 그 자세 그대로 여전히 한마디도 하지 않은 채 버티고 있었다. 그래서 어떻게든 현진이의 목소리를 들으려면 엄마와의 분리가 필요하다고 판단하고, 현진이 엄마에게 자리를 비켜줄 것을 부탁했다. 엄마가 있는데도 한마디도 안 하는 아이이니 엄마가 없으면 더 반항적일 것 같아 주저했지만, 현진이 엄마는 상담사의 요청에 밖으로 나갈 수밖에 없었다.

사실은 사랑받고 싶어요

현진이는 어머니가 나가자 기다렸다는 듯 자세를 고쳐 앉았다. 그러고는 "괜찮아?"라고 묻는 질문에 자신의 얘기를 하기 시작했다.

동생이 태어났을 때 현진이는 작은 동생이 너무 귀여웠다. 하지만 현진이가 동생에게 다가가기도 전에 엄마가 현진이의 손을 때리면서 "더러운 손으로 동생 만지면 안 돼!"라고 매몰차게 말했던 적이 있다고 했다. 그래서 기껏 손을 씻고 왔더니 이번엔 동생이 자야 할 시간이라며 또 만지지 못하게 했다.

동생이 태어나기 전까지는 누가 뭐래도 엄마의 딸이었지만, 동생이 태어나자 엄마가 자신을 귀찮아하고 짐처럼 생각하는 것 같은 기분을 매일매일 느꼈다. 게다가 엄마는 누구를 만나든 동생 자랑을 하면서 "얘는 큰애랑 달라요, 남자아이인데도 얼마나 정이 많고, 애교가 많은지 몰라요"라고 칭찬했고, 상대적으로 현진이를 무시하면서 비교했다. 그래도 그 일이 있기 전까지는 현진이도 엄마가 자신을 사랑한다는 믿음에는 변함이 없었다.

얼마 전 평소 가장 친하게 지내던 소연이가 집으로 놀러 왔던 날의 일이다. 엄마는 소연이가 집으로 온다고 하자 소연이가 떡볶이를 좋아한다는 사실을 기억해내고는 떡볶이를 만들기 시작했다. 그리고 소연이가 집으로 오자마자 소연이를 칭찬하기 시작했다.

"소연아, 넌 어쩜 이렇게 깔끔하고 얌전하니. 네가 내 딸이었으면 얼마나 좋았을까? 소연이 엄마는 좋겠다, 너처럼 착한 딸이 있어서. 우리 현진이가 너의 반만 닮았어도 좋았을 텐데…."

그런 얘기를 들으니 우리 엄마가 맞나 싶었는데, 엄마는 결정적으로 "말 나온 김에 소연이네 엄마한테 딸 바꾸자고 해볼까?"라는 말까지 했다. 그런 말까지 듣고 나니 더 이상 떡볶이를 먹을 생각이 들지 않았다. 포크를 놓고 자리에서 일어서는데 엄마는 현진이에게는 눈길도 주지 않은 채 "소연아, 떡볶이 어때? 맛있어? 너는 나랑 입맛도 비슷한 것 같구나. 그냥 오늘부터 내 딸 해라"라고 말하는 것이었다.

엄마는 다 맞고, 아이는 다 틀리고

자식에 대한 부모의 사랑은 무조건적이라고 하지만, 현진이는 한 번도 엄마가 자신을 무조건적으로 사랑한다는 생각이 들지 않았다. 엄마는 현진이가 애교를 부려서 예쁘다거나, 상을 받아와서 예쁘다고, 운동을 잘해서 예쁘다고 했지 단 한 번도 그냥 예쁘다고 한 적이 없었다. 게다가 현진이와 친구들을 끊임없이 비교하면서 현진이의 부족함을 족집게처럼 찾아내기도 했다.

"우리 현진이는 피부가 까매서 못생겨 보이는데, 너는 참 하얗고 이쁘구나. 우리 현진이는 발가락이 휘어서 폭이 좁고 예쁜 구두 신기 글렀는데 너는 잘 어울리겠다. 우리 현진이는 아빠 닮아 곱슬머리라서 비 맞으면 빗자루처럼 되는데, 너는 어쩜 그리 머릿결이 차분하니."

엄마가 그런 말을 할 때마다 현진이는 조금씩 움츠러들었고, 엄마와 같이 외출하는 걸 피하게 되었으며 친구를 집에 데려오기 싫어졌다. 그래서 거의 혼자 방에서 음악을 듣거나 유튜브를 보면서 시간을 보내는데, 여기저기 헤집고 다니기 시작한 동생까지 들어와서 방해를 했다. 그래서 살짝 밀었는데 옆으로 넘어지면서 멍이 들어버린 것이다. 예상치 못한 상황에 현진이 역시 너무 당황스럽고 놀랐지만, 엄마는 현진이를 범죄자 취급까지 하는 것이었다.

"너는 인성 자체가 글러먹었어. 이제는 어린 동생까지 때리니?"

현진이는 엄마에게 동생을 때린 게 아니라 살짝 밀었을 뿐이라고 말하고 싶었고, 인성이 글러먹은 게 아니라 그냥 혼자 있고 싶은 거라고 말하고 싶었지만, 엄마가 들어줄 것 같지 않았다. 자신이 하지 않은 행동과 생각들이 비난의 화살이 되어 날아와 박힐지 몰라 아무 말도 할 수 없었지만, 너무 억울하고 마음이 아팠다.

준 사람은 없고, 받은 사람만 있는 상처

현진이 엄마는 현진이에게서 조금이라도 마음에 안 드는 부분이 있으면 그냥 넘어가지 못했다. 다른 사람에게는 예의상이라도 예쁘다, 잘한다 등의 칭찬을 했지만 유독 현진이에게만은 엄격한 잣대를 적용했다. 엄마이기 때문에 아닌 것은 분명히 아니라는 것을 현실적으로 알려줘야 한다고 생각했다. 그래서 시간이 날 때마다, 현진이를 볼 때마다 고쳤으면 하는 것들을 지적해주었다.

세상에 무조건적으로 자녀를 사랑하는 부모는 진짜 없는 것일까? 사실상 현진이가 살아오면서 받은 상처의 대부분은 엄마로부터 받은 것이었다. 비교하고, 비난하고, 평가하고, 무시하고, 낙인찍으면서 사랑이라는 명분으로 '네가 얼마나 부족하고 못났는지를 내가 알려주어야 한다'라고 했던 것이다. 한편 현진이 엄마는 엄마니까 당연히 해야 하는 일이라고 생각했고, 엄마이기에 할 수 있는 말이라고 생각했다. 결코 아이에게 상처를 주기 위해서는 아니었다고 말하지만, 남은 것은 현진이가 받은 상처뿐이었다.

상담을 마친 뒤 현진이 엄마에게 현진이가 그간 느꼈던 마음의 상처와 소외감, 가장 사랑받고 지지받아야 할 엄마라는 존재로부터 가장 심하게 비난받고 지적받은 데서 온 자존감의 하락, 그로 인한 우울과 고립감을 전달했다. 그리고 입장을 바꾸어 만약 본인이 현진이라면 엄마로부터 듣고 싶었던 말이 무엇일지 생각해보시도록 권했다. 현진이 엄마는 미처 생각지도 못했던 현진이의 아픔과 자신이 했던 행동을 동시에 떠올리고는 큰 충격을 받았다.

"다 잘되라고, 어딜 가든 환영받는 사람이 되고 누구에게라도 사랑받길 바라는 마음에 그랬는데, 미처 몰랐습니다. 제 태도와 행동이 현진이에게 이렇게까지 상처를 주고 있는 줄은…." 현진이가 느껴왔을 소외감과 절망감에 엄마 역시 굵은 눈물을 뚝뚝 떨구었다.

다시 시작하는 부모와 아이 사이

이날 현진이 역시 엄마의 진심을 처음으로 들었다. 그간 엄마가 자신을 부끄럽고 창피하게 생각하는 줄로만 알았다고, 나도 동생처럼 사랑받고 싶었다고 말하며 엄마에게 안겨 참아왔던 눈물을 터뜨렸다. 현진이 엄마는 외롭게 해서 미안하다고, 엄마가 잘못 생각하고 행동해서 너를 힘들게 했다며 현진이를 꼭 안아주었다. 엄마의 진심을 알게 된 현진이와 그간 아이를 힘들게 한 자책감에 미안해하는 현진이 엄마, 두 사람의 눈물이 멈추기까지는 한참이 걸렸다. 아이들은 부모의 자녀로 태어나 부모로부터 사람에 대한 신뢰를 배우고, 부모의 사랑을 통해서 스스로 사랑받는 존재가 되려고 노력한다. 그 과정에서 실수하고 실패하며, 때로는 부모를 실망시키기도 한다. 그러나 그 모든 과정이 아이에게는 '배움'의 과정이 된다. 그런데 부모가 사랑이라는 이름으로 그 기회를 빼앗아버리는 경우가 많다. 처벌은 문제 행동을 제거할 수는 있지만 좋은 행동을 유발하지는 못한다. 처벌이나 비난은 오히려 자존감을 떨어뜨리고 부정적인 자극에 둔감하게 만들며, 문제가 닥치면 회피하게 만들고, 폭력성을 습득하게 할 뿐이다.

아이가 변하기를 바라고 아이가 사랑받기를 바란다면, 부모가 먼저 비난과 비교를 멈추고 낙인을 멈추어야 한다. 아이는 현재 진행형으로 자란다. 아이에게 너무 많은 것을 바라는 대신, 아이가 원하는 게 무엇인지 질문해보자. 지금 화나는 일이나 불만이 무엇인지, 왜 그렇게 행동하는지 먼저 묻는 것이 순서이다. 그런 뒤 공감해주면 아이는 얼마든지 부모와 말이 통하는 사이, 사랑을 주고받으며 더 나아가 나눌 줄도 아는 사람으로 자랄 것이다.

2장

지식 말고 지혜를 튜닝하는 부모 되기

아이 행복의 조건은 행복한 부모다

꽃이 피는 건 그저 꽃이기 때문이다

민준이는 고등학교 1학년이다. 엄마는 학원 선생님이고 아버지는 항상 바쁘다. 외동아들로 태어나 어릴 때는 집안의 사랑을 독차지했고, 모두에게 환영받는 존재였다. 엄마는 혼자 민준이를 돌보고 키우는 게 힘들기는 했지만, 누구보다 잘 키우고 싶은 욕심이 있었다.

대학을 나와서 학원 선생님이 되긴 했지만 엄마의 어린 시절은 가난과 폭력으로 힘들었기에, 다시 돌아보거나 생각하고 싶지 않았다. 결혼 후 남편과는 주말부부로 지냈지만 경제적으로 넉넉해서 아이에게 못 해줄 게 없었다. 제일 좋은 옷에, 제일 좋은 학원에, 아이가 입고 먹는 모든 것은 항상 최고였다. 주말이면 집으로 오는 남편은 집에 오자마자 자신보다 아이를 먼저 챙겼다. 남편에게 민준이는 귀한 아들이고 세상의 전부였다. 엄마는 자신이 민준이를 잘 키우는 것이 남편을 사랑하는 방법이고, 가정을 지키는 방법이라고 믿었다.

그런데 어느 날부터 민준이가 학교를 빠지기 시작했고, 자해까지 하기 시작했다. 민준이의 생활이 잘못되면서 엄마는 주말이 두려워졌다. 남편은 아이가 왜 저러냐고, 도대체 집에서 아이 하나 제대로 못 키우고 뭐 하는 거냐고 몰아세웠다. 민준이 엄마는 어린 시절의 경험이 다시 떠올랐다. 가난, 폭력, 고성, 불안… 그래서 내 아이만은 행복하게 키우고 싶었고, 최선을 다했는데 누구도 행복하지 않았다.

민준이 팔에 목화꽃이 피었습니다

엄마에게 끌려오다시피 상담실에 온 민준이의 첫인상은 한마디로 무기력한 모습이었다. 기어들어가는 목소리, 구부정한 자세, 좌불안석으로 상담실 여기저기를 불안하게 훑고 있는 시선, 힘없는 눈동자. 무엇보다 엄마가 본인 얘기를 할 때 아무런 반응도 저항도 하지 않는 모습이 민준이의 무기력을 증명하고 있었다.

민준이 엄마는 아이가 언제부터 잘못을 시작했고, 얼마나 잘못하고 있으며, 지금 무엇을 잘 못하고 있는지에 대해 한참을 설명한 뒤에야 겨우 자리를 비켜주었다. 계절에 맞지 않는 긴 옷을 입은 민준이에게 편하게 있어도 된다고 하자 체구보다 훨씬 큰 외투를 조심스럽게 벗고는 급히 팔을 책상 밑으로 감추었다.

“괜찮아.” 책상 위에 올려진 민준이의 팔은 유난히 하얗고 가늘었다, 그 하얀 피부 위에 무채색의 꽃 한 송이가 무심하게도 피어 있었다. 나의 시선이 느껴졌는지 민준이가 조심스럽게 입을 열었다. “제가 자해를 많이 해서 흉터가 있었거든요. 그런데 흉터를 보면 또 자해를 하고 싶어져서 타투를 하게 됐어요.” 자살을 하지 않기 위해 자해를 할 수밖에 없었다는 민준이는 잠시 숨을 고른 뒤에 문신에 대한 이야기를 해주었다.

“이거 목화꽃이에요.”

“민준아, 많은 꽃 중에서 목화꽃을 팔에 새긴 이유가 있니?”

“목화는 꽃일 때는 눈을 기쁘게 하고, 솜이 되어서는 사람들을 따듯하게 해주잖아요.”

“사람들에게 쓸모 있는 꽃이네. 그런 의미야?”

“네. 저도 쓸모 있는 사람이 되고 싶은데, 저는 쓸모가 없어요. 키도 작고, 얼굴도 못생겼고, 공부도 못하고, 운동도 못하고, 저 같은 게 왜 태어났는지 모르겠어요.”

불안은 불안을 낳는다

민준이 엄마는 항상 불안했다. 어린 시절의 가난도 가난이지만, 결혼 이후 경제적 풍요를 제공하는 남편에게 아이를 잘 키우는 것으로 보답하고 싶었는데, 언젠가부터 아이가 예뻐 보이지 않았다.

학원을 운영하는 상황에서 다른 아이들보다 공부도 못하고, 소심하고, 목소리도 작은 민준이 때문에 학원생이 끊길 것 같아서 불안했고, 자신이 민준이를 점점 미워하고 있다는 것을 들킬까 봐 불안했다. 그래서 그런 기분이 드는 날에는 아이를 백화점으로 데리고 가서 최고로 맛있는 음식과 신상 옷을 사서 입혔다. 그렇게라도 해야 죄책감과 불안함이 덜어질 것 같았다. 주말에 남편이 오면 새로 사준 옷을 입고 아빠를 맞이하게 했다.

아이가 싫다고 해도 남편이 오기 몇 시간 전부터 아빠가 오면 어떻게 해야 되는지 귀에 못이 박히도록 교육을 시키면서, 그래야 아빠가 좋아한다고 말했다. 아빠의 경제적 능력과 엄마의 사회적 지위를 증명해야 했던 민준이는 과연 행복했을까?

보상 심리로 보상받는 행복

정신분석학자인 지크문트 프로이트(Sigmund Freud)의 딸이면서 인간의 방어 기제에 대해 다양한 연구를 한 안나 프로이트(Anna Freud)에 따르면, 인간은 위험이나 문제해결을 위해 무의식적으로 방어기제를 사용한다고 한다. 그중에서 '보상 심리'는 자신이 받고 싶지만 받지 못한 것을 타인에게 주면서 심리적 위로감과 안정을 경험하는 심리 기제다. 그런데 청소년이 경험하는 중요한 타인은 대부분 가족이며, 특히 부모는 자식을 통해 자신의 어린 시절이나 누리지 못한 것들을 보상받으려는 심리가 강하다.

민준이 엄마는 생각하기 싫을 만큼 불우한 어린 시절을 보냈고, 그 시절에 받지 못한 풍요와 인정을 민준이를 꾸미고, 치장하고, 내세우면서 위로받고 있었다. 또한 아들에게 밥을 차려주면서, 일하는 엄마 때문에 따듯한 밥상을 받아본 적 없다는 남편의 어린 시절까지 위로하고 있었다. 누구를 위해서냐고 물으면 당연히 민준이를 위해서라고 말이다.

그런데 민준이 입장에서는 어땠을까? 주말이 되면 대단한 손님을 맞듯 분주하고 긴장된 모습으로 거실을 서성거리고, 문에서 눈을 떼지 못하는 뒷모습에, 무언가 하나라도 잘못된 걸 지적받을까봐 동동거리는 엄마가 행복하게 보였을까? 또 일주일에 한 번 집으로 오면 신발 벗기가 무섭게 내내 잠만 자다 가는 아빠를 보면서 아빠 역시 행복하다고 느꼈을까?

행복은 단어가 아닌 표현이다

많은 부모들이 자신의 아이가 행복하게 살기를 바란다. 하지만 정작 자신들은 행복하지 않다고 말한다. 행복이 무언지도 모르고, 인생을 아무리 탈탈 털어봐도 행복한 기억이 없다고 말한다. 그래서 아이들만큼은 행복했으면 좋겠다고 한다. 민준이 엄마도 그랬다. 민준이의 행복을 위해서라면 못 할 일이 없다고.

세상에 행복하고 싶지 않은 사람은 없다. 행복하고 싶다고 목이 터져라 외치지만, 정작 행복하다고 말하는 부모는 없다. 아이 때문에 힘들고, 남편 때문에 힘들고, 돈 때문에 힘들고, 사람 때문에 힘들다고 긴 한숨을 내쉰다.

행복은 단어로 전달하는 지식이 아니다. 부모를 보고 따라 하고, 스스로 경험하면서 검열 없이 뿜어져 나오는 자연스러운 표현이다. 그런데 이렇게 행복하지 못한 엄마와 아빠 앞에서 아이들은 자신이 경험하는 행복을 순간순간 검열하고, 비교하고, 눈치 보고, 차단하게 된다. 텔레비전을 보면서, 친구랑 이야기하면서, 밥을 먹으면서 순간순간 올라오는 형언할 수 없는 만족감을 아이들은 있는 그대로 표현하지 못한다. 그리고 자신의 눈에 엄마가 행복해 보이지 않으면, 아이들은 자신 또한 행복하면 안 된다고 생각해 스스로 욕구를 억누르게 된다.

'지금은 행복하면 안 돼! 엄마가 힘들잖아.'

인생은 중요한 것과 덜 중요한 것을 구분하고, 지금 해야 되는 것과 지금 하지 않아도 되는 것을 구분하는 것으로 연결된다. 누구도 부럽지 않을 만큼 풍요한 상황에서도 민준이 엄마는 아이와 눈을 맞추고 대화를 해본 적이 없었고, 아이 앞에서 활짝 웃어본 적도 없었다. 민준이 엄마는 상담이 끝날 무렵 자신이 아이에게 못할 짓을 너무 많이 한 것 같다고 후회했다. 지금 눈앞에 있는 내 아이를 보고 활짝 웃어보자. 그리고 지켜보라. 내 아이의 표정이 어떻게 달라지는지. 내 아이가 얼마나 크게 웃을 수 있는지.

일관성이 없다면
차라리 무심하라

이러지도 저러지도 못한 채

"우리 애는 눈치가 너무 없어요."

열한 살 유찬이 엄마는 상담실에 들어서기가 무섭게, 아이가 바로 옆에 있는데도 아이 흉을 보기 시작했다. 열한 살이 눈치가 있으면 얼마나 있을 것이며, 없다고 한들 뭘 그리 없을까 싶었다.

"어떤 걸 보시고 아이가 눈치가 없다고 생각하셨어요?"

"자기 할 일을 해야 되는데, 그게 안 된다니까요."

유찬이 엄마가 들려준 유찬이의 '눈치 없음'의 실체는 이랬다. 며칠 전 유찬이 할머니가 집에 오셨다. 1년에 몇 번 병원 진료를 위해 오시긴 하지만, 이번처럼 갑자기 방문한 적은 없었다. 한창 숙제를 하다가 엄마에게 혼나고 있는 상황에서 아빠가 할머니를 모시고 왔고, 엄마는 유찬이를 혼내던 것을 멈추고 할머니를 맞아야 했다.

유찬이는 오랜만에 만나는 할머니에게 가고 싶었지만 아직 끝내지 못한 숙제를 두고 자리에서 일어나도 되는지, 숙제를 하다 말고 할머니에게 다가가도 되는지 확신이 서지 않아서 우물쭈물하고 있었다. 평소에 유찬이 엄마는 숙제가 끝날 때까지는 화장실도 못 가게 했기 때문이다. '한번 숙제를 시작하면 다 끝날 때까지 엉덩이 붙이고 자리에 앉아 있기'가 엄마가 세운 유찬이의 숙제 시간 규칙이었다. 유찬이는 갑작스럽게 닥친 돌발 변수에 이러지도 저러지도 못한 채 어정쩡한 자세로 있다가 아빠에게 혼나고 말았다.

"야! 김유찬, 너 할머니 오셨는데 자리에서 꼼짝도 안 하고 뭐하는 거야? 인사 안 드릴 거야?"

유찬이는 그게 아니라고 말하고 싶었지만 아버지의 날 선 꾸중 앞에서 입을 꾹 다물고 말았다.

엄마 마음에만 있었던 '눈치껏'

이후로 며칠간 유찬이의 '집 생활'은 매우 편했다. 할머니가 계시니 엄마 잔소리도 줄었고, 학원 숙제를 일일이 검사받는 일도 없었다. 무엇보다 숙제를 하지 않아도 혼나지 않는다는 사실이 너무 좋았다. 할머니를 병원에 모시고 다니느라 엄마가 바쁜 탓에 숙제는 온전히 유찬이 혼자서 해야 했다. 유찬이는 이런저런 이유에서, 할머니가 집에 오시는 게 좋았다. 아예 할머니에게 같이 살면 안 되냐고 졸라볼 마음까지 먹었다.

그날도 유찬이는 학교에 다녀와서 약속된 30분 정도 게임을 하고 막 숙제를 하려던 참이었다. 그런데 마침 병원에 가셨던 할머니와 엄마가 집으로 돌아왔다. 엄마는 방에 있는 유찬이를 불러냈다. "유찬아, 할머니 들어오셨는데 방에서 뭐하니? 나와서 할머니랑 같이 있어드려야지."

유찬이는 엄마의 말대로 할머니가 집에 머무시는 동안에는 할머니의 말동무를 해드리며 같이 시간을 보냈다. 사건은 할머니가 진료를 다 마치고 집으로 돌아가신 뒤에 터졌다.

"김유찬, 너 문제집 갖고 와봐!"라는 엄마의 말에, 당연히 내일부터 다시 학원 숙제를 시작하려고 했던 유찬이는 당황스러울 수밖에 없었다. 유찬이는 쭈뼛거리며 문제집을 가져갔고, 문제집을 펴본 엄마는 유찬이가 뭐라 대답할 새도 없이 "너 이게 뭐야! 왜 이렇게 빈 곳이 많아?"라고 화를 내면서 유찬이를 혼내기 시작했다.

유찬이는 엄마의 폭풍 같은 잔소리를 듣고 3시간 동안이나 꼼짝도 못 한 채 문제집을 풀어야 했다. 할머니가 계시는 동안 엄마 아빠가 시킨 대로 할머니랑 놀아드리는 역할을 잘했다고 칭찬을 받을 줄 알았는데, 되려 숙제를 하지 않았다고 혼이 나다니, 억울한 마음마저 들었다.

"엄마가 나 숙제할 시간에 할머니 말동무 해드리라고 했잖아?"

유찬이는 엄마에게 자기의 심정을 애써 전달했다. 그런데 돌아오는 대답은 이러했다.

"야! 눈치껏 숙제도 했어야지. 그게 핑계가 된다고 생각해? 그리고 우리가 정해놓은 규칙이 있잖아. 그건 어떤 경우에도 깨뜨려선 안 돼!"

유찬이는 엄마가 말하는 규칙이 왜 엄마 마음대로 바뀌는 것인지, 전혀 이해할 수 없었다. 규칙이라면 바뀌어선 안 되는 것 아닌가? 그런데 유찬이네 집에서 규칙은 부모 마음대로 늘 이랬다저랬다 했다.

질서를 위한 질서

유찬이 엄마는 유찬이가 무슨 일만 생기면 숙제를 하지 않는 나태하고 무책임한 모습이 마음에 들지 않는다. 이번만 해도 그렇다. 할머니가 집으로 오기 무섭게 숙제부터 내팽개치는 모습에 속으로 얼마나 화가 났는지 모른다. 그래도 알아서 해주었으면 하고 기대했는데, 결국 유찬이는 숙제를 하지 않았고 기어이 자신을 화나게 했다.

유찬이를 혼내고, 못한 숙제를 다 하고 나서 잠을 자도록 다그치긴 했지만 유찬이에 대한 엄마의 실망감은 쉬이 가라앉지 않았다. 몇 달에 걸쳐 겨우 잡아놓은 질서를 깨버린 시어머니와 방관자가 되어 있는 남편에 대한 서운함도 올라왔다.

유찬이 엄마가 말하는 '규칙'과 '질서'는 유찬이의 일상생활과 관련된 것들이 대부분이다. 학교 다녀오면 손부터 씻고, 숙제한 뒤 게임하고, 조금 쉬었다가 학원에 가고, 학원에 다녀오면 저녁을 먹고 학원 숙제를 하고, 책을 한 권 읽은 뒤 잠자리에 드는 것. 그리고 이런 생활이 무리 없이 잘 진행될 때는 유찬이가 잘 자라고 있다는 안심이 되었다.

반면 유찬이는 엄마 아빠가 시키는 대로 할머니랑 시간을 보내느라 숙제를 못 한 건데, 왜 혼이 나야 하는지 이해가 되지 않았다. 이렇게 밀린 것을 한꺼번에 해야 한다는 걸 알았더라면 할머니랑 시간을 보내지 않고 미리 했을 텐데, 괜히 엄마 말을 들었다가 더 힘들게 된 것도 무척 억울했다. 자신의 생활을 마음대로 결정해버리고 마음대로 혼내는 엄마도, 또 상황을 다 알면서도 모른 체하는 아빠도 너무너무 미웠다.

지혜로운 부모, 지혜롭지 못한 부모

유찬이네뿐만 아니라 많은 부모들이 아이들의 할 일을 정해주고 계획성 있게 진행되기를 희망한다. 그래야 계획대로 되지 않았을 때 혼내는 것에 대해서도 당위성을 부여할 수 있고, 잘했을 때 칭찬하는 것에도 정당성이 부여되기 때문이다.

하지만 유찬이네처럼 긴급한 상황이 생겨서 아이들이 엄마가 짜놓은 계획대로 생활할 수 없는 상황이 되었을 때, 상황에 대해 아이에게 설명하고 의논을 통해 융통성 있게 계획을 수정하는 부모는 거의 없다. 그래서 손님이 왔다 가는 날은 '애들 잡는 날'이 되는 것이다.

아이들은 부모가 시키는 대로 역할을 했을 뿐이고, 바뀐 역할을 하는 것만으로도 충분히 버거울 수 있다. 하지만 바뀐 역할을 수행한 것에 대한 칭찬과 격려는 없고, 원래 역할을 하지 않은 것에 대한 책임과 추궁만 하게 되는 경우가 많다. 이런 상황이 반복된다면 결국 아이는 부모를 신뢰하지 않게 되고, 부모 말은 시시하다고 생각해버린다. '어차피 엄마(아빠) 맘대로 할 거면서….'

실제로 상담실에 찾아오는 많은 부모들이 유찬이 엄마처럼 아이가 눈치도, 요령도 없고 책임감도 없다고 호소한다. 하지만 반대로 아이들은 부모가 거짓말쟁이라고, 뭐든 자기 멋대로 결정하는 독재자 같다고 이야기하는데, 그 이유는 아이들에게는 많은 규칙을 적용하면서 정작 부모의 삶에는 규칙이 없기 때문이다. 뭔가를 약속해놓고 지키지 않고, 왜 지키지 않았냐고 물으면 사과를 하는 것이 아니라 부모의 권위를 내세워 윽박지르거나, 아이 주제에 '부모를 가르치려 하느냐?'고 오히려 비난하는 경우가 많기 때문이다. 아이들은 그런 모습을 보면서 규칙은 삶에 필요한 것이 아니라 부모가 자신을 마음대로 조종하기 위한 것이라 생각하게 되고, 반드시 지킬 필요가 없다고 여기게 된다. 그러니 아이에게 규칙을 적용하거나 약속을 하기 전에 부모는 스스로 먼저 생각해봐야 한다. 나라면 이 규칙을 지킬 수 있을 것인지 그리고 끝까지 지킬 수 있을 것인지 말이다.

눈치 있고 책임감 있는 아이로 키우기 위해

아이가 눈치도 있고 책임감도 있기를 바란다면 부모가 먼저 '지혜'를 장착해야 한다. 상황이 바뀔 때 미리 준비할 수 있도록 설명해주고, 바뀐 상황에서 아이가 어떻게 하면 좋을지 논의한 다음 바뀐 역할을 잘 수행했을 때 아이에게 어떤 이득이 생기는지를 얘기하면서 아이에게 부모에 대한 신뢰와 존중을 갖게 하는 것이 무엇보다 중요하다. 정신분열을 일으키는 원인 중 하나이면서 재발의 가장 큰 원인이 되는 것이 바로 부모의 일관적이지 못한 양육 태도이다. 그렇기에 부모에게 기대되는 역할이 바로 일관성과 안정성인 것이다. 어떤 상황에서도 아이가 숙제를 먼저 하기를 바란다면 아이에게 역할을 바꾸라고 명령할 것이 아니라 아이의 역할 수행을 위해 다른 환경을 조정해야 한다.

위 사례에서 유찬이가 숙제를 해야 한다면 할머니에게 "지금은 유찬이가 숙제하는 시간이라서, 숙제만 마치고 거실로 나오라고 할게요"라고 어른인 부모가 설명을 했어야 한다. 그게 아니라면 유찬이에게 "유찬아, 이번 주는 할머니가 오셔서 숙제를 매일 하기 힘드니, 엄마가 학원 선생님께 상황을 설명할게. 그리고 밀린 숙제는 엄마와 주말에 조금씩 보충하자" 하는 식으로 절충안을 찾아 해결할 수도 있다.

특히 두 번째 방식은 할머니와 보내는 시간이 학원 숙제보다 더 소중한 시간임을 알려주는 계기가 될 수 있어, 열한 살 유찬이에게는 훨씬 큰 교육 효과를 주었을 것이다. 그런데 안타깝게도 유찬이 엄마는 이런 기회를 모두 놓치고 말았다. 일관성 없는 태도로 아이의 자존감을 해쳤을 뿐 아니라 부모 스스로의 권위에도 상처를 내는 결과를 낳고 말았다. 많은 부모가 자기 아이가 책임감 있는 아이로 자라기를 원한다. 그러려면 먼저 부모가 일관된 태도로 솔선해서 책임감 있는 모습을 보여주어야 한다. '그때그때 다른 것'이 아니라 일관된 기준을 제시할 때 아이도 존경하는 마음으로 부모를 따르게 된다. 그리고 이것이야말로 지혜로운 부모가 되는 지름길이다.

부모의 니즈와 자녀의 원츠를 구분하라

발달에는 적절한 시기가 있다

지우는 일곱 살이고 초등학교 입학을 앞두고 있다. 하지만 지금 지우네 집은 지우의 초등학교 입학을 마냥 기뻐하지만은 못하고 있다. 모든 상황에서 울음부터 터트리는 지우가 과연 초등학교에 가서 잘 적응할 수 있을지 걱정스럽기 때문이다. 어린이집에서는 진작부터 지우가 또래들에 비해 사회성 발달 속도에서 차이를 보인다고 말했지만, 지우 엄마는 그런 부분도 다 엄마인 자신이 채워주면 된다고 생각했다.

지우 엄마는 지우가 어릴 때부터 품에서 한시도 지우를 내려놓은 적이 없고, 지우에 관한 모든 것을 본인이 직접 해왔다. 기저귀 교환부터 씻기는 것, 재우는 것, 먹이는 것까지. 남편은 물론 시댁과 친정에서도 같이 돌봐주겠다고 나섰지만 한사코 사양했다.

하지만 지우가 커가면서 요구하는 것도 많아지고 그만큼 신경 써야 하는 것도 많아지면서 지우 엄마는 점점 기운이 달리고 지쳐 가고 있었다. 지우 엄마가 몸이 약한 것도 있지만, 지우가 요구하는 것은 전부 들어주고 있는데도 왜인지 아이는 항상 불만과 짜증이 많았고, 엄마 말도 듣지 않았다.

지우를 위해 자신의 경력까지 포기하고 오직 육아에만 매달려 온 엄마는 이제 지쳐 쓰러질 지경이 되었지만, 그렇다고 아이를 포기할 수도 없었다. 조금만 더 하면 지우가 자신이 바라는 대로 될 것 같았고, 이번만 아이의 요구를 들어주면 엄마의 노력을 알아줄 것 같았고, 한 가지만 더 하면 지우에게 도움이 될 것 같고, 본인 스스로도 엄마라는 역할에 만족할 것 같았다. 그래서 오늘도 지우를 위해 뭘 더 해야 할지 고민하며 하루를 시작했다.

기회를 박탈하면 발달도 박탈된다

아이들은 세 살 정도가 되면 자율성을 배우게 된다. 이때 아이에게 필요한 것은 충분히 안전한 공간이다. 그곳에서 마음껏 세상을 탐색한 후 다시 엄마라는 안전한 기지로 돌아오는 과정을 반복하면서 세상에 대한 호기심, 기지에 대한 안전감과 신뢰감을 확보하고, 이를 바탕으로 더 넓은 세상에 대한 궁금증과 나아가고자 하는 용기를 얻게 된다.

이때 아이가 세상을 향해 나아가고자 하는 욕구를 스스로 느끼고, 그것을 적절하게 표현해보기도 전에 부모가 모든 것을 일방적으로 제공한다면 아이는 자율성을 펼칠 기회를 잃게 된다.

특히 불안이 높거나 삶의 틀이 경직되어 있는 양육자는 아이의 욕구를 그대로 바라보기보다 자신이 제공할 수 있고, 아이에게 줘야 한다고 느끼는 것들을 미리 아이에게 주곤 한다. 이는 아이가 무언가를 느끼거나 표현하기도 전에 막고, 치워버리고, 제지하고, 혼을 내는 것으로 이어져 아이는 오히려 죄책감과 무능과 불안에 빠지게 된다. 그리고 이는 아이의 자연스러운 발달을 저해하는 결과를 가져온다. 한마디로 아이를 하나의 인격체가 아닌 미성숙한 존재, 불안한 존재, 나약한 존재로 인식해서 아이의 문제를 부모가 모두 미리 해결해버리는 것이다.

아이들의 놀이마저도 방해하는 엄마

놀이터에서 놀 때 아이들 간에는 미끄럼틀이나 그네를 누가 먼저 탈지, 얼마나 탈지, 어떤 방향으로 탈지를 두고 종종 다툼이 일어난다. 어른들의 눈에는 아이들의 규칙이 유치하고 방법이 허술해 보이지만, 아이들끼리도 충분히 규칙을 정할 수 있다. 그런 과정에서 사회성을 배우고, 질서와 타인에 대한 감정도 배우게 된다.

하지만 놀이터에 들어서면서부터 아이의 놀잇감과 동선을 통제하고 아이들 사이에서 갈등이 시작되기도 전에 부모가 개입해버리면, 아이는 스스로 아무것도 하지 못하고 사회성은 물론 다양한 발달의 기회를 놓치게 된다.

"실수하면 안 되잖아요."

"다치면 안 되잖아요."

아이에게 왜 그렇게 많은 것들을 해주었냐고 물으면 부모들은 일반적으로 이렇게 대답한다. 그러나 아이들은 다치고, 실수하고, 실패하면서 배우고 다시 도전하는 과정에서 용기를 배우고 발달하게 된다. 아이가 스스로 경험할 기회를 빼앗고 부모가 대신해준 성공의 기억으로만 채운다면, 아이는 그 시기에 직접 경험하며 배우고 깨달아야 하는 것들을 배우지도 못하고 얻지도 못하게 된다.

개인을 발전시키는 것은 '열등감'

아이의 실수를 곧 실패로 받아들이는 부모, 아이의 실수를 자신의 실수로 가져오는 부모, 어떠한 경우에도 실수를 용납하지 못하는 부모는 천 번의 실수 끝에 전구를 개발한 에디슨, 수많은 실수 끝에 피뢰침을 만들어낸 퀴리 부인을 이해할 수 없다. 천재는 1%의 영감과 99%의 노력으로 만들어진다는 말도 있지 않은가. 그런데 아이가 노력해야 할 99%의 시간과 실패의 경험을 기다려주지 못하고, 하고자 하는 욕구를 인정해주지 못하는 것이다.

지우는 말이 느렸고, 행동도 또래보다 미성숙했다. 갓난아이처럼 징징거렸고, 원하는 대로 안 되면 금세 울음으로 감정을 표현했다.

"다 지우 잘되라고 한 건데, 왜 이렇게 됐을까요?"

지우가 소중해서 뭐든 다 해주고 싶었다는 엄마는 자신의 노력이 오히려 실수이고 잘못이라는 것을 알고 있을까? 아이가 원해서 해주는 것과 부모가 주고 싶어서 그리고 줘야 할 것 같아서 주는 건 완전히 다른 결과를 가져온다.

오스트리아의 정신의학자이자 '개인심리학'의 알프레트 아들러(Alfred Adler)에 따르면 개인을 발전시키는 것은 열등감이라고 했다. 그리고 그 열등감을 이겨내기 위해 스스로 노력하면 그 결과 우월성을 갖게 되는 것이다. 내가 무엇이 부족한지, 어떤 부분이 약점인지를 알고 그것을 이겨내기 위해 스스로 방법을 찾고 적용하면서 아이들은 비로소 성장할 수 있다. 그런데 자신이 무엇이 부족한지조차 모르는 아이들은 더 나아지기 위한 노력을 할 수 없게 된다.

엄마의 욕구와 아이의 요구를 구분하자

지우는 자신의 욕구가 뭔지 깨달을 새도 없이 모든 것을 제공받았기에 굳이 말을 배울 필요가 없었고, 행동을 통제할 이유가 없었고, 감정을 다스릴 이유도 없었다. 일곱 살이 된 지우를 보면서 "넌 왜 남들처럼 못하니?"라고 말하는 지우 엄마에게 가장 필요한 것은 아이를 그저 한 발 떨어져 바라보는 일이다. 그러려면 엄마 자신이 가진 조급함과 불안을 먼저 치료받아야 한다.

그렇다면 지우 엄마의 불안은 왜 생겼을까? 사람들은 불안을 나쁜 것으로만 생각하기 쉽다. 하지만 불안에는 어떤 사고나 문제가 발생하기 전에 미리 준비할 수 있도록 해주는 긍정적인 기능도 있다. 물론 그 준비가 너무 과하고, 너무 광범위하고 빈번하다면 일상에 지장을 주는 문제가 될 수 있다.

사고 위험이 도사리고 있는데도 "설마" 하고 방치했다가 실제로 사고가 난 뒤에야 부랴부랴 대비책을 만들어내는 모습을 보고 '안전불감증'이 만들어낸 인재라고 한다. 반면 불안이 높다는 것은 그 안전불감증을 미리, 너무, 많이 대비하느라 생기는 문제인 것이다.

불안의 종류에는 여러 가지가 있다. 일상적인 상황 전반에서 불안을 느끼는 범불안 장애, 대중교통 이용이나 외출, 줄서기, 사람이 많은 곳에 가기 힘든 공황장애도 불안의 일종이다. 또 갑자기 바뀐 환경에 적응하지 못해 부모나 집으로부터 멀어지지 않으려는 분리불안장애도 있다. 그 외에도 광장공포증, 동물, 혈액, 주사, 상처 등 특정한 대상이나 상황에 생기는 특정 공포증, 사람이 많은 곳에서 불안을 느끼는 사회공포증, 불안을 다스리기 위해 특정 생각이나 행동을 반복하게 강박장애도 불안의 한 종류이다.

지우 엄마가 아니더라도 자녀를 양육하는 많은 부모들이 불안을 경험한다. 이러한 아이가 불안을 경험할 만한 외부적 자극도 없고, 실제로 발생할 가능성도 적은 불안 때문에 지우도, 지우 엄마도 행복하지 못했던 것이다. 지우는 엄마 품에 안겨서 아이처럼 손가락을 입에 넣고 빨고 있었다. 부족한 것 하나 없이 키웠는데, 시도 때도 없이 빨아대는 바람에 종이짝처럼 손톱이 얇아진 그 손가락은 분명히 외치고 있었다. "이제는 그만 놓아주세요"라고 말이다.

최선을 다해 노력하는 아이를 원한다면 아이가 일상에서 충분히 넘어지고 실수하면서 스스로 부족한 점을 찾도록 그리고 극복할 수 있도록 기회와 시간을 줘야 한다. 그리고 부모가 무언가를 도와줘야 한다면, 그래야 한다는 생각이 든다면 아이에게 직접 물어봐야 한다. "혼자 할 수 있겠니?"라고 말이다.

소리 내서 실컷 우는 아이로 키워라

고슴도치 딜레마

독일의 철학자 쇼펜하우어(Arthur Schopenhauer)는 자신의 책에서 스스로의 자립과 상대와의 일체감이라는 두 가지 욕망에 따른 '고슴도치 딜레마'에 대해 언급한다. 고슴도치들은 추운 날씨에 서로 온기를 나누려고 모여들지만, 날카로운 가시 때문에 온기를 나누기도 전에 상처를 입는다. 그래서 상처 입지 않으려면 어느 정도 거리를 두어야 한다는 것이다. 이는 인간의 애착 형성에 대한 어려움을 빗대어 표현한 것이다. 상대에게 너무 가까이 다가가면 내가 찔리거나 또는 내가 상대를 찌를 수 있는 것이 바로 애착이기 때문이다.

애착이론은 정신분석가 볼비(John Bowlby)와 발달심리학자 에인스워스(Mary Ainsworth)를 중심으로 발달했다. 이들은 인간의 애착유형이 형성되는 과정을 설명하면서 애착은 양육자가 아이의 요구에 얼마나 민감하게 반응하는가에 따라 결정된다고 보았다. 즉 애착을 형성할 무렵 인간은 자신을 돌봐주는 사람이 자신의 요구에 지지와 보호를 제공하느냐 그렇지 않으냐에 따라 그 인물에 대해 긍정적이거나 부정적인 표상(表像)을 형성하게 되고, 이와 함께 자신이 애착하는 그 인물로부터 사랑을 받을 만한 가치가 있는 소중한 존재인가 아닌가를 통해 자신에 대해 긍정적 또는 부정적 표상을 형성하게 된다는 것이다. 그리고 이때 애착과 관련하여 만들어진 내적 작동모델은 성장하면서 대인관계에 영향을 주어 삶 전체에 영향을 미칠 수 있다.

"응애" 하는 울음으로 날숨을 토해내며 세상에 태어난 아이들에게 울음은 생존을 좌우하는 유일한 의사표현 도구이다. 배가 고파도 울고, 잠이 와도 울고, 기저귀가 젖어도 울고, 불편하면 울고, 때로는 아무 자극 없는 심심함이 싫어서 울 때도 있다. 이때 양육자가 어떻게 반응하느냐에 따라 아이는 세상과 타인에 대한 신뢰를 쌓게 된다. 아무리 울어도 누군가가 달려와 주지 않는다면 아이들은 우는 걸 포기하고 무기력해진다.

울어도 돼요?

은서는 이란성 쌍둥이로 태어났다. 은서와 현서를 낳고 우울증이 생긴 은서 엄마는 은서와 현서가 울어도 돌봐주지 않았다. 아이들이 울 때면 귀를 막아버리거나 밖으로 나가버렸다. 엄마의 따듯한 돌봄을 받는 경험보다 울다가 지쳐서 잠이 들 때가 더 많았던 은서와 현서는 학교에 들어가서야 자신의 엄마가 다른 엄마와 다르다는 것을 알게 되었다. 이제까지 엄마로부터 사랑한다는 말을 들어본 적도 없고, 예쁘다는 말도 들어본 적이 없었는데, 그게 당연한 것이 아니고 다른 아이들은 그렇지 않았다는 것을 알게 된 것이다. 그렇다고 그런 것을 요구하기에는 엄마가 너무 약하고 힘이 없었으며 무엇보다 자신들을 귀찮아했다.

학교에 부모님이 와야 할 때는 물론이고 평상시에도 "나는 너희를 낳고 자유를 잃었다. 너희는 내 인생의 족쇄와 같다. 할 수만 있다면 너희를 낳지 않았을 것"이라고 말하는 엄마에게 은서와 현서는 사랑이나 관심을 요구할 수 없었다.

지금은 예전보다 나아졌지만 엄마는 하루에도 몇 번씩 감정의 기복이 컸고, 사람들과 어울리는 것도 무서워해서 거의 매일 집에만 있곤 했다. 어떤 날은 하루 종일 전등을 켜지 않고 지내는 날도 있을 정도였다. 은서와 현서는 엄마와 외출을 해본 적도 없고, 가족여행을 가본 적도 없었다. 그러니 아빠가 없는 날이면 아이들도 거의 집에서만 생활하곤 했다.

배가 고프고, 춥고, 아파도 엄마에게 도움을 요청할 수 없다는 것을 은서가 알아갈 무렵 현서가 아프기 시작했다. 태어날 때부터 몸이 약했던 현서 그리고 마음이 아픈 엄마 때문에 은서는 누구보다 먼저 철이 들 수밖에 없었다. 은서는 자신이 엄마와 현서를 지켜야 한다는 생각에 힘든 일이 있어도 내색조차 하지 않았다.

왜 우는지조차 모르는 아이

그런 은서가 상담실에 오게 되었다. 학교에서 실시한 정서행동 검사에서 자살 위험이 높다는 결과가 나오자, 긴급하게 상담 의뢰가 이루어졌던 것이다. 그렇게 만난 은서의 눈동자는 먼 곳만을 더듬고 있었고, 생기라곤 찾아볼 수 없었다. 아이에게 제일 힘든 일이 무엇인지 묻는 것은 의미가 없었다. 오히려 삶에서 힘들지 않았던 것을 물어보는 게 빠를 것 같았다.

"은서야, 버티기가 많이 힘들지?"라고 묻자 아이의 눈에서 고장 난 수도꼭지처럼 눈물이 하염없이 흐르기 시작했다. 은서는 자신이 우는지조차 알지 못한 듯 눈물을 닦을 생각도 못하고 있었다.

"은서야, 너 지금 울고 있는 거니?"

바보 같은 질문이라 생각할 수도 있지만, 아이를 현실로 데려오기 위해서는 지금 일어나고 있는 일들에 대해 설명할 필요가 있었다.

"제가 울어요?"

눈물을 훔친 뒤에야 자신이 울고 있었다는 것을 알아차린 은서는 마치 도둑질이라도 하다가 들킨 사람처럼 소맷부리로 눈가를 비벼 닦더니, 자신이 왜 죄송해야 하는지도 모른 채 "죄송해요, 선생님 죄송해요." 하며 연신 죄송하다는 말을 반복했다.

언제까지나 현서의 언니로 있을 것 같던 은서. 엄마가 막말을 해도 대꾸 한마디 하지 않던 독한 딸이 자살 위험이 높다는 소리에 그제야 퍼뜩 정신이 든 은서 엄마가 부랴부랴 상담실로 찾아왔다.

"어떻게 해요, 저는 은서 없으면 안 돼요."

은서에게 나이보다 더 무거운 삶의 무게를 준 엄마는 상담실에 와서도 은서보다 자신의 안위를 먼저 걱정했다.

"어머니, 지금은 은서 먼저 봐주셔야 할 때예요."

아무리 불러도 달려와주지 않던 엄마를 기다리며 영아기, 유아기 그리고 아동기를 거쳐 청소년이 되도록 은서가 살아남기 위해 배운 기술은 소리 내서 울지 않는 것이었을지도 모른다. 은서는 소리 내어 울었을 때 엄마가 달려와 돌봐주는 것을 경험해본 적이 없었다. 소리를 내서 울면 은서 엄마는 듣지 않아도 될 원망의 목소리를 어린 두 아이에게 퍼부었던 것이다.

있지만 있지 않은 존재

은서는 엄마가 온 줄도 모른 채 울고 있었고, 엄마는 울고 있는 은서를 보면서도 무슨 말을 해야 할지 몰라 우두커니 서 있었다. 은서의 볼을 타고 내리는 눈물은 은서 자신처럼 세상에 존재하고 있지만 존재하지 않았고, 그 사실을 은서에게도 알려줘야 했다.

"은서야, 네 눈물이 너에게 무슨 말을 하고 싶은 것 같니?" 하고 물었다. 눈물을 핑계로 은서가 하고 싶었던 말을 할 수 있도록 물은 것이었다. "네가 이렇게 슬프고, 아프다는 걸 알아주었으면 하는 사람이 있니?" 이렇게 힘들 때 기대고 싶었던 그 누군가를 찾아보게 한 뒤, "그 사람이 너에게 무슨 말을 해주면 위로받는다고 느낄 수 있을까?"라고 그 사람에게서 듣고 싶은 위로의 말을 찾을 수 있도록 했다. 이것이 상담사의 역할이다. 은서의 감정이 어느 정도 누그러진 뒤 은서와 엄마는 마주할 수 있었다. 그리고 엄마는 은서에게, 은서는 엄마에게 그동안 못했던 말, 하고 싶었던 말, 듣고 싶었던 말을 조심스레 건네보는 시간을 갖게 되었다.

한 번의 시간, 한 번의 위로로 은서가 그동안 받은 상처를 다 치유 받을 수는 없다. 하지만 태어나 처음으로, 힘들다고 말해도 된다는 허락을 받은 것은 은서의 인생에 중요한 변화의 씨앗이 될 것이다. 아이들에게 울음은 그냥 눈물을 흘리는 행위 그 이상이다. 실수해도 괜찮고, 감정을 털어놔도 괜찮다는 허락의 의미, 수용의 의미, 존중의 의미, 위로의 의미인 것이다. 만약 소리 내어 울지 못하는 아이가 앞에 있다면 이렇게 말해주어야 한다.

"소리 내서 울어도 돼. 엄마(아빠) 앞에서는 그래도 돼. 마음껏 다 울 때까지 엄마(아빠)가 기다려줄게"라고.

규칙은
크게 세워라

규칙이 규칙을 낳고

스위스의 심리학자 장 피아제(Jean Piaget)는 인간의 지적 행동은 환경에 대한 순응(adaptation)이며, 순응은 동화(assimilation)와 조절(accommodation) 과정을 통해서 이루어진다고 했다. 즉, '환경에 동화될 것인가? 환경을 조절할 것인가?'를 통해 순응해 나가는 것이다.

피아제의 인지발달 이론에 따르면 2~7세 아동의 사고 특징은 전조작기(preoperational stage)로, 이 시기는 다시 전개념기와 직관기로 구분되며, 가장 일반적인 특징은 '자기중심적 사고'를 보인다는 것이다. 이 말은 아직 개념이 형성되기 전 단계로 사물을 판단할 때 겉으로 보이는 모양에 사고가 좌우되는 것을 의미한다. 무엇보다 자기중심적으로 세상을 이해하게 된다는 것이다.

이때 가장 중요한 교육이 바로 '규칙'과 '사회성'교육이며 교육의 효과성을 높이기 위해서는 당근과 채찍을 적절히 활용해야 하는데, 이때 활용하는 도구로 '쿠폰북(토큰 경제)'과 '생각하는 의자(타임아웃)'가 있다. 쿠폰북, 즉 토큰 경제는 바람직한 행동을 증가시키는 방법으로 많이 활용되며, 생각하는 의자는 바람직하지 못한 행동을 멈추게 하기 위한 것으로 아이의 잘못과 관련된 공간으로부터 분리하는 방법이다.

사실 이와 같은 토큰 경제나 타임아웃 같은 행동주의 기법들은 인간이 아닌 동물을 대상으로 한 실험이 대부분이다. 그런데도 인간에게까지 적용해 활용되고 있다. 이는 인간이 스스로 자신의 행동이나 생각을 통제하지 못하거나, 계획을 세워서 체계적인 생활을 하지 못할 때 이성적이고 논리적인 방법보다는 강제적인 개입으로 수정을 해야 한다는 것을 의미한다.

문제는 각 가정에서 아이들에게 적용되는 좋은 행동과 나쁜 행동을 구분하는 기준 대부분이 부모나 가족의 가치관으로만 작용하고 있으며, 아이들은 그것이 필요한지 필요 없는지를 이해하기도 전에 그런 규칙들을 강요받고 있다는 것이다.

밥 먹을 땐 팔을 괴면 안 되고, 젓가락질은 똑바로 해야 하고, 밥을 먹을 때는 말을 하면 안 되고, 식탁 밑에서 다리를 흔들어도 안 되고, 어른이 오면 반드시 나와서 인사를 해야 하고, 거짓말을 하면 안 되고, 부모를 실망하게 하면 안 되고, 컴퓨터는 1시간 넘게 사용하면 안 되고, 스마트폰은 반드시 30센티미터 이상 떨어져서 봐야 하고, 텔레비전을 볼 때는 허리를 꼿꼿이 세운 채 봐야 하는 등의 여러 규칙이 아이들에게 좋은 생활 습관을 잡아주기 위해 만들어졌다고 하지만, 아이들이 실제로 경험하는 것은 틀리면 혼나니까 무조건 지켜야 한다는 복종의 의미가 더 크게 작용한다.

물론 집집마다 규칙의 양과 폭은 다를 것이다. 같은 실수와 잘못을 해도 어느 집에서는 이해되는 행동이 어느 집에서는 절대 용서받을 수 없는 큰 잘못이 되기도 한다. 또 엄마는 대충 넘어가지만 아빠한테 걸리면 혼나는 규칙도 있을 것이다.

다만 아무리 좋은 규칙도 지나치면 그것은 독이 되고, 결국 부모가 원하고 기대했던 모습이 아닌 부적응적이고 혼란스러운 모습을 마주하게 된다. 또한 아이들의 사회성을 높이기 위해 부모가 지나치게 많은 생활 규칙을 제안하고 제시한다면, 아이들은 규칙을 이해하기도 전에 그것에 매몰되어, 그 필요성을 깨닫기보다는 무조건 규칙에서 벗어나고 싶다는 마음이 자리 잡게 된다.

규칙이 많은 것이 좋을까?

지수네 집에는 냉장고에 아이들 숫자만큼의 쿠폰북이 붙어 있고, 그 안에는 최대 서른 개의 포상 목록이 적혀 있다. 예를 들면 '제시간에 일어나기'에서부터 '집안일 도와주기'까지 여러 가지 항목이 있어 조금만 관심을 갖고 움직인다면 하루에 쿠폰 열 개 정도 받는 건 어렵지 않았다. 그렇게 쿠폰이 오십 개가 쌓이면 추가 용돈을 받을 수 있었고, 다시 백 개가 쌓이면 추가 용돈에 먹고 싶은 간식까지 먹을 수 있는데도 지수는 더 이상 쿠폰북을 채우고 싶지 않았다.

그 이유는 쿠폰북 바로 아래에 쿠폰북보다 두 배나 더 큰 반성 노트가 걸려 있었기 때문이다. 반성 노트에는 지수가 해서는 안 되는 행동과 말, 꼭 지켜야 하는 규칙들이 빼곡히 적혀 있고, 그 규칙들은 점점 늘어나고 있었다. '엄마에게 바르게 말하기', '어른을 보면 인사하기'에서부터 '기분 나쁜 감정 가족에게 전달하지 않기'까지 지켜야 할 수많은 규칙이 지수를 숨 막히게 했다.

그래도 처음에는 엄마에게 사랑받고 싶고, 엄마를 기쁘게 해드리고 싶은 마음에 지키려고 애썼다. 하지만 언젠가부터 실수할 때마다 혼이 나고, '생각하는 의자'로 쫓겨나서 엄마가 들어오라고 할 때까지 우두커니 앉아있는 시간이 늘어나자 지수는 우울해지기 시작했다. 또 자기가 잘못할 때마다 하나씩 늘어가는 규칙을 보면서 절대 엄마를 만족시킬 수 없다는 걸 알아버렸다.

하지만 엄마는 지수를 포기하지 않았다. 지수가 지키지 않은 규칙은 또 다른 규칙이 되어 칸을 채워갔고, 그 규칙이 지켜지지 않으면 또 다른 규칙이 부록처럼 따라붙었다. 그러다 보니 결국 지수는 집에 들어가기가 싫어졌다. 집에 오면 방으로 들어가 틀어박히게 되었고, 식사 시간에만 조용히 나와서 밥만 먹고 다시 방으로 사라지는 일이 많아졌다. 물론 그러는 동안에도 엄마는 지수의 걸음걸이, 입고 있는 옷차림, 머리 모양, 밥 먹는 태도에 대해 지적하고, 새로운 규칙을 만들어냈다.

"그거 지키는 게 뭐 그리 어렵다고. 제가 선물도 줘보고, 용돈도 올려주면서 제발 하지 말라고 말했는데도 그거 하나를 못 지켜요."

엄마의 호소는 분명했다. 지수가 자신의 말을 잘 들어주는 것. 한편 지수의 호소도 분명했다.

"저한테 관심 좀 껐으면 좋겠어요. 그렇게 규칙이 좋으면 엄마가 지키면 되잖아요. 왜 다른 사람한테까지 강요하는지 모르겠어요"

지수 엄마는 지수가 잘 되길 바라는 마음으로 만든 규칙일 뿐이라고 주장했고, 지수는 엄마가 일방적으로 정한 규칙을 더 이상 지킬 이유가 없다고 주장했다.

"제가 이렇게라도 안 하면 애가 어떻게 되겠어요. 지금도 저 모양인데…."

"저는 어른 되면 독립할 거예요. 아니 지금이라도 독립하고 싶어요. 이 집에 더 있다가는 미쳐버릴 것 같아요."

자신의 규칙이 있어서 지수가 그나마 사람 구실을 하고, 사고치지 않는다고 믿고 있는 엄마와 그런 엄마에게서 한시라도 빨리 떨어지고 싶은 지수. 두 사람의 사이에는 생각의 차이만큼이나 커다란 감정의 간극이 벌어져 있었다.

규칙에도 역효과가 있다

규칙이 많다는 건 지켜야 할 게 많다는 의미이다. 어길 수 있는 가능성도 그만큼 높다는 것이며, 혼날 일도 많다는 것을 의미한다. 지수 엄마는 인간으로서 당연히 지켜야 하는 것들을 적어둔 것뿐이라고 말하지만, 지수 입장에서는 어떨까?

지수 엄마 말대로 규칙이 없었다면 지수의 생활이 더 방만해졌을지도 모른다. 하지만 규칙 때문에 지수가 힘들어하고 있는 것도 사실이었다. 그 규칙 안에서 안정감과 만족감을 느끼는 것은 지수가 아니라 엄마였다. 지수 엄마는 그 규칙이 누구를 위한 것인지, 지수에게 씌운 것이 보호막인지 올무인지를 제대로 헤아리지 못했다.

법의 기능이 법이라는 테두리 안에서 권리를 빼기지 않고 살아갈 수 있도록 해주는 안전장치인 것처럼, 틀을 벗어나려고 발버둥치는 지수의 모습에서 오히려 안전감을 위협받는다 생각하고는 또 다른 안전장치를 덧씌워나가고 있었던 것이다. 지수는 오늘도 또 하나의 규칙이 더 늘어날 것이라고 말했다. 그러자 그런 지수를 향해 지수 엄마 역시 지지 않고 한마디를 던졌다.

"다른 사람한테 엄마 나쁘게 얘기하지 않기!"

지수 역시 엄마를 향해 호소했다.

"아~ 좀 제발… 그만하라고!"

"그럼 널 그냥 내버려둬야겠니?"

지수 엄마는 뭐라도 좋으니 솔루션을 달라고 요청해왔다. 규칙이 너무 많아서 혼날 일만 늘어났고, 수많은 규칙들로 압박에 시달리다 오히려 그것들을 모두 무시해버리는 것이 더 쉽다고 느끼게 된 지수. 그리고 수많은 규칙을 강제하며 아이과의 관계가 무너져 버린 지수 엄마의 모습은 규칙의 역효과를 그대로 보여준다.

삶에 규칙이 있다면 그건 살아 있는 것 그리고 자신과 타인에게 상처를 주지 않는 것이어야 한다. 살아 있다면 그 이후는 아이들이 스스로 결정해야 하는 것이다. 부모는 그 결정을 대신해주는 존재가 아니다. 아이들의 결정을 지지해주는 것이 바로 부모가 가져야 할 첫 번째 역할이자 규칙이다.

아이의 일상은 찾아주는 것

지수는 학교 수업이 끝나면 친구들과 떡볶이도 먹고 싶고, 수다도 떨고 싶지만, 엄마는 지수가 곧장 집으로 돌아와 학교 숙제를 해놓고 조금 쉬었다가 학원에 가기를 바란다. 엄마는 그것이 학생으로서 당연한 규칙이라고 생각해, 지키지 못했을 때는 지수를 혼내는 것을 조금도 미안해하거나 주저하지 않았다.

그러나 자녀의 연령에 따라 아이에게 허락하는 자유의 범위와 한계도 조금씩 조정해야 한다. 중고등학생이 되면 시간 활용, 등교 문제, 친구 관계도 아이들 스스로 선택할 수 있도록 하고, 자신의 선택에 대한 책임을 지게 하는 것도 배울 수 있도록 해야 한다.

지키지 못했을 때 아이를 혼내거나 통제하기 위한 수단으로 규칙을 부과해서는 안 된다. 그러기 위해서는 '안전' 또는 '존중'이라는 거대한 중심 줄기만 세우고, 나머지는 아이들의 자율에 맡겨야 한다. 그리고 그 안에서 부모는 자녀 양육의 지혜를 튜닝하고, 아이 스스로 자율성과 책임성을 키울 수 있도록 해야 한다.

경계 교육은 반드시 명확하게

다 이유가 있었다고요

초등학교 4학년 때 아빠의 권유로 유도를 시작해, 특기생으로 중학교에 입학한 영민이는 학교의 기대를 한 몸에 받는 유망주였다. 하지만 학년이 올라갈수록 운동은 더 힘들어졌고, 운동부 선배들과의 관계도 어렵고, 경기 출전을 위해 체중을 조절하는 것도 너무 힘들었다. 아빠에게 그런 얘기를 해봐도 돌아오는 대답은 "인내는 쓰고 열매는 달다"는 말뿐이었다.

학교에 가도 다른 친구들은 수업을 듣는데 자신은 운동만 해야 하는 것이 싫었다. 어쩌다 반 친구들과 어울릴 기회가 생겨도, 친한 친구도 없고 관심사도 다르다 보니 공감대도 잘 형성되지 않았다. 체격이 큰 영민이가 말을 걸려고 아이들에게 다가가면 빗자루로 쓸어버린 듯 친구들이 우르르 자리를 피해버리기도 했다.

그렇다고 이제 와서 운동을 그만두자니, 그동안 운동한다는 핑계로 공부를 게을리했기에 영어단어 하나, 수학 공식 하나도 제대로 아는 게 없었다. 이런저런 생각으로 스트레스를 받을 때마다 스마트폰으로 게임을 하곤 했는데, 그러다 보니 스트레스를 받을 때마다 자연스레 게임을 하는 습관이 들어버렸다. 언젠가부터는 운동보다 게임이 더 재밌고 즐거워졌고, 온갖 핑계를 대서라도 운동을 빠지고 싶은 마음만 커져갔다.

아빠의 권리는 어디까지

영민이 아빠는 태어날 때부터 남다른 체격 조건을 가진 아들이 운동에도 소질이 있고 유도를 시작하면서 자신감도 생겼다고 생각해, 조금 힘들어해도 운동을 시키길 잘했다고 여겼다. 그런데 중학교에 가면서부터 점점 운동을 게을리하던 영민이가 결국 중요한 선발전에서 떨어지자 큰 충격을 받았다. 원인을 찾기 위해 이리저리 알아보다가 영민이가 얼마 전부터 운동을 제대로 하지 않고 PC방에 가서 게임을 하거나 놀면서 시간을 보냈다는 것도 알게 되었다.

운동을 시작한 이후 단 한 번도 아빠를 실망시킨 적 없던 아들이 자신을 속이면서까지 운동을 가지 않았다는 것에 대한 실망감 그리고 그동안 영민이 하나만을 위해 밤낮으로 뛰어다니며 지원했던 것에 대한 배신감이 한꺼번에 밀려왔다. 그래서 휴대폰을 빼앗고, 용돈을 끊고, 운동 외에는 어떤 것도 허락하지 않겠다고 선포했다. 영민이도 자신의 잘못을 느꼈는지, 아빠의 선포에 별다른 대꾸나 변명이 없었다. 그런데 영민이를 학교 앞에 내려주고 집으로 돌아온 아빠는 영민이 휴대폰을 열어 문자와 톡 내용을 보다가 놀라운 내용을 마주했다.

처음에는 또래다운 이런저런 내용이 이어지다가, 조금 더 읽자 충격적이게도 아빠를 욕하는 내용이 잔뜩 있었다. 하기 싫은 운동을 시켰고, 영민이 자신을 사육하듯이 먹이고 학대하듯이 굶겨서 대회에 내보낸다는 이야기. 그리고 아버지로서는 한 번도 해본 적 없고 들어본 적도 없는 상스러운 욕까지 하면서 아빠가 죽어버렸으면 좋겠다는 내용까지 들어 있었던 것이다. 떨리는 마음을 진정하기 위해 일단 휴대폰을 덮은 영민이 아빠는 다른 사람도 아니고 사랑하는 아들이 모르는 사람들에게 아빠인 자신을 욕했다는 사실이 너무나 놀랍고 충격적이었다.

'내가 뭘 그리 잘못한 걸까?'

보이지 않는 선, 경계

영민이가 친구들에게 아빠 욕을 하고, 아빠의 관심에 진저리를 친 이유는 바로 '경계' 때문이다. 아빠의 권리이자 의무라고 생각했던 행동들이 영민이 입장에서는 경계를 침범당한 것이다. 아무리 집이 작아도 대문이 있고, 울타리가 있는 것처럼 나이가 어리다고 경계가 없는 것이 아니다. 하지만 영민이 아빠는 영민이의 경계를 인정해주지 않았고 침범해버렸다. 아빠로서 아들이 비뚤어지지 않아야 한다는 생각이 너무 강해서 영민이의 경계를 살필 여력이 없었던 것이다.

영민이 아빠는 몇 날을 고민했다. 자신이 뭘 잘못했는지에 대해서 그리고 영민이가 왜 그렇게 화가 났는가에 대해서, 하지만 답을 얻을 수 없었다. 체격이 남다른 아들에게 운동의 길을 열어주었고, 컨디션과 체력관리를 위해 밤늦게 핸드폰을 못하게 한 것 그리고 나중에 국가대표가 됐을 때 문제가 될까 봐 아들이 잘 때 핸드폰을 검열하고 이상한 취미가 생겨서 운동에 방해될까 봐 매일매일 방을 치워주면서 관리 감독한 것이 전부였다.

누가 뭐래도 영민이의 정신적 지지자, 후원자라고 자부하고 있었고 아빠 자신의 행동이 온전한 사랑이고 부모로서 그 정도는 당연한 권리라고 생각했다. 자신뿐만 아니라 어느 부모라도 그 정도는 해도 된다고 생각했다. 아직 세상 물정 모르는 아이들이 어떤 사고를 칠지 모르기 때문에 부모는 아이들의 생각까지도 알아야 하는 것이 당연했던 것이다. 세상 어느 부모가 자식이 비뚤어지는 것을 그냥 보고만 있겠는가?

자유조차 상대적임을 알아야 한다

독일의 관념철학자 이마누엘 칸트(lmmanel kant)는 “내 손끝이 타인의 코끝에 닿기 전까지가 나의 자유다”라고 했다. 그 ‘공간’은 물건이 될 수도 있고, 시간이 될 수도 있고, 공간이 될 수도 있으며, 감정이 될 수도 있다. 나의 욕구를 충족하기 위해 타인의 것을 함부로 만지고 가져오는 행위는 권리를 침해한 것으로, 이해를 할 수 있는 상황도 있겠지만 경우에 따라서는 법적으로 처벌된다는 것도 알아야 한다. 이를 알기 위해서는 되는 것과 안 되는 것을 배워야 하는 시기(5~7세 사이)에 다양한 상황에서 아이가 직접 경험하고, 실수를 통해서 대안을 찾아 분명히 배울 수 있도록 알려주어야 한다. 그래야 자신의 안전도 지키고 타인의 안전도 지킬 수 있다. 이때 안전은 신체적인 안전만을 의미하는 것이 아니라 정서적 안전과 물질적인 안전까지 모두 포함하는 개념이다.

영민이 아빠의 경우 부모라는 이유로 자녀가 문제를 일으키기 전에 자녀의 사생활을 알아야 한다는 생각에만 집중해, 영민이의 인권과 권리에 대해서는 배려하지 못했다. 영민이가 친구들에게 아버지에 대한 욕을 한 것은 분명 잘못이지만, 영민이의 행동에 대한 질책 이전에 그것 자체가 관계의 경계를 침범하는 행위라는 걸 가르쳐주었다면 어땠을까? 아빠의 기분에 따라 휴대폰뿐만 아니라 방, 일기장, 가방까지 검열당하던 영민이는 자신을 보호할 경계를 지키지 못하고 매번 침범당했던 것이고, 아버지를 통해 누구든 필요하다면 타인의 경계를 침범해도 된다는 걸 배웠을 것이다.

물론 모든 아버지가 영민이 아버지처럼 하지는 않을 것이고, 모든 아이들이 영민이처럼 아버지를 욕하지는 않을 것이다. 영민이 아빠는 영민이가 자신에 대해 또 어떤 욕을 할지 모르니, 오히려 영민이의 휴대폰을 더 자주 검열해야 될 것 같다고 말했다.

나는 한번 허물어진 경계를 다시 세우는 건 힘들고 어려운 일이지만, 그럼에도 경계가 없으면 나중에는 더 많은 것을 잃어야 할지 모른다고 말씀드렸다. 그리고 아버지의 경계를 지키고 싶다면 영민이의 경계를 먼저 존중해줘야 한다는 것도 그리고 아버지가 무언가를 얻기 위해 놓치거나 잃어버리고 있는 것이 무엇인지를 봐야 한다는 이야기도 전했다. 즉, 영민이 아빠는 아직 일어나지도 않은 일을 걱정하고 대비한다면서 눈앞에 있는 영민이의 기분을 무시하고 관계를 놓치고 있었다.

내일을 준비하는 것도 중요하지만 오늘을 잘 살아야 내일도 잘 살 수 있다는 것을 알아야 한다. 영민이는 국가대표가 될지 안 될지 모르는 '내일' 때문에 '지금' 운동을 하는 자신도, 자신에게 운동만을 강요하는 아빠도 그리고 학교도 조금도 좋거나 설레지 않았던 것이다. 이런 상황의 영민이에게는 "너는 운동을 해야 해!"라고 말하기 전에 "네가 힘든 부분을 몰라줘서 미안하다"라는 사과와 다독임이 먼저 필요했을 것이다.

자녀도 타인이다

만약 경계란 단어가 어렵다면 다양한 예시를 들어 설명하고, 충분히 이해할 수 있도록 안내해야 한다. 예를 들어 국가 간의 경계는 강, 산, 지리적 특성으로 구분되어 있고, 그것을 침범했을 경우

국가 간 다툼으로 번질 수 있다. 생활 주변에서는 아무나 들어오지 못하게 하기 위해 만들어진 담과 문, 창문이 바로 경계가 될 수 있으며, 도로에서는 함부로 넘어갈 수 없는 실선이 바로 경계가 된다.

가정 안에서는 부모님 방을 노크 없이 들어왔을 때, 아빠의 지갑을 함부로 만졌을 경우, 엄마의 옷이나 액세서리를 허락 없이 사용하는 경우가 바로 경계를 넘은 예가 될 수 있으며, 경계에 대해 알려줄 수 있는 기회가 된다. 그런데 이런 경계를 지켜야 하는 것은 자녀만이 아니다. 자녀의 핸드폰, 노트북, 일기장, 옷장을 이 잡듯 샅샅이 뒤지는 모든 행위는 아이들에게 '힘이 있는 사람이라면 누구든지 타인의 경계를 함부로 침범해도 된다'는 부적절한 논리를 전하게 된다. 아이들은 네 것인지 내 것인지를 구분하는 법 그리고 내 것이 아닌 것이 갖고 싶을 때는 어떻게 해야 하는지 구체적인 방법까지 논의하는 삶의 지혜와 방법을 배워야 하며, 이런 배움은 일상에서 자연스럽게 이뤄져야 한다. 또 한번 허물어진 경계는 쉽게 쌓을 수 없으며, 시간이 지날수록 허물어진 그 경계에 누구도 아닌 자신의 삶이 함께 무너지고, 침범당한다는 것도 알아야 한다.

부모는 자녀에게 무조건적 사랑을 쏟아야 하는 존재이지만, 그 '무조건' 안에 자녀가 잘못되는 것을 방임하고, 규칙과 질서를 지키지 않는 것을 허용하라는 뜻은 포함되어 있지 않다는 것도 알아야 한다.

엄마의 말이 인성교육의 시작이다

좋은 선생님과 좋은 엄마는 다르다

재영이 엄마는 학교 선생님으로 재직 중이다. 학생들에게 인기도 많고, 동료 교사들 사이에서도 꽤 신망 있고 능력 있는 교사로 인정받고 있다. 특히 말을 예쁘게 하는 교사로 통하고 있어서, 상담교사가 학교에 상주하고 있는데도 고민이 있을 때면 으레 재영이 엄마에게 고민을 털어놓기 위해 찾아오는 교사들도 많았다. 재영이 엄마도 자신이 조곤조곤 해주는 말을 듣고 눈물을 흘리거나, 고맙다고 말하는 동료 교사들을 볼 때면 아이들을 가르칠 때와는 또 다른 만족을 경험할 수 있었다.

하지만 '세월은 아무리 가난한 인생에게도 그날 치 베고 잘 근심거리 한 가지는 준다'라는 말처럼 이런 재영이 엄마에게도 고민은 있었다. 바로 하나뿐인 아들 재영이 때문이었다.

"선생님, 요새 재영이한테 무슨 일 있어요? 기운이 너무 없어 보이는데, 물어봐도 괜찮다고만 해요."

"응. 우리 재영이가 요즘 학원을 바꿔서 적응하느라고 힘든가 봐"라고 애써 웃으면서 대답했지만 재영이 엄마의 속은 부글부글 끓어올랐다.

재영이 엄마는 교생실습에서 남편을 만나 3년 연애 끝에 결혼했다. 아이들과 함께 다복하게 살고 싶었지만, 남들은 때 되면 생기는 아이가 노력을 해도 생기지 않았다. 시험관을 거쳐 체외수정까지 해서 겨우 만난 아이가 재영이었다. 하지만 재영이는 적극적이고 사교적인 엄마와는 달라도 너무 다른 아이였다. 항상 기운이 없고, 입도 짧고, 말수도 적어서 응급실에 실려가야 할 정도로 열이 나는데도 아프다는 말을 하지 않아서 큰일이 날 뻔한 적도 있었던 것이다.

재영 엄마의 말할 수 없는 비밀

재영이 엄마에게는 사실 남들은 모르는 혼자만의 비밀이 있었다. 남들 눈에는 더없이 친절하고 교양 있는 사람이지만, 남들이 없는 자리에서는 상스러운 욕설을 거침없이 한다는 것이었다. 특히 어떤 일로 한번 화가 나기 시작하면 쉽게 화가 가라앉지 않아, 거침없이 욕설을 쏟아내게 되고, 거기에 가속도가 붙으면 자신도 모르는 사이에 몇 분간 혼자 욕을 해대곤 했다.

그날도 재영이 엄마는 퇴근해서 집으로 가는 내내 화를 참을 수 없었다. 운전을 하면서도 터져나오는 욕설을 참지 못했고, 타인과 가족을 가리지 않고 그 화살을 돌렸다. 그날은 욕설의 대상이 혼자만 끙끙대며 말문을 닫아버리곤 하는 재영이에게로 향했다. 남들이 곁에 있었다면 상상도 하지 못했을 상스러운 욕이 입에서 튀어나왔다. 누가 옆에서 듣기라도 한다면 자기 자식에게 저렇게까지 욕을 할 수 있다니 아무리 봐도 정상이 아니라고 생각했을 정도로, 거친 욕설과 성난 말을 수 분간 쏟아낸 뒤에야 재영이 엄마는 겨우 화를 추스르고 진정할 수 있었다.

재영이 엄마의 고향은 경상도 작은 시골 마을이다. 먹고살기 힘든 시절이라고 해서 모든 사람이 자녀들을 함부로 대하고 상스러운 욕을 하며 키우지는 않는다. 하지만 재영이의 외할머니, 외할아버지는 자식들에게 자상하거나 자애로운 어른이 아니었고, 재영이 엄마는 세상에서 가장 듣기 싫은 말과 욕설을 들으면서 자랐다. 그래서 그런 부모 밑에서 자란 재영이 엄마는 자신은 살아가면서 절대 욕설만은 하지 않겠다고 다짐했다. 노력 끝에 선생님이 된 뒤에는 더욱, 항상 고운 말을 쓰기 위해 노력해왔다.

하지만 언젠가부터 혼자 있을 때 욕을 하는 버릇이 생기기 시작했다. 그리고 한번 터진 욕설과 비난은 점점 습관이 되었고, 자제하기 힘들었다. 아니, 참고 싶지도 않았다. 그리고 오늘처럼 재영이에 관한 주변 사람들의 염려가 들려올 때면 이성의 끈이 툭 끊어지는 느낌과 함께 자연스럽게 욕설이 터져나왔다. 그것도 어렸을 때 겨우 한두 번 들어서 기억도 나지 않던 욕설들이었다.

현관문을 열자마자 신발 한쪽은 거실에, 한쪽은 현관 밖으로 날아갔지만 신경 쓸 여유가 없었다. 지난 생일에 남편이 사준 신발이라 기분 좋을 때 아끼며 조심스럽게 신고 나가는 신발이지만 지금은 그런 생각을 할 여유가 없었다. 재영 엄마는 거칠게 쿵쾅거리며 거실로 올라가 안방 문을 '쾅' 소리 나게 닫고 들어갔다.

트라우마는 세포에 새겨진다

재영이는 세상에서 엄마가 제일 무서웠다. 엄마는 화를 참지 못하고, 무섭게 욕설을 퍼붓고, 자신을 죽일 것처럼 때리지만 그중에서도 가장 힘든 건 욕설이었다. 재영이로서는 그런 엄마가 다른 사람들 앞에서는 욕은커녕 자신을 굉장히 사랑하는 것처럼 말하고 다니는 것이 이해되지 않고 힘들었다.

재영이가 어렸을 때 기억하는 엄마는 친절하고 따듯한 사람이었지만 어쩐 일인지 아빠와는 하루가 멀다 하고 다투었다. 아빠는 엄마가 무섭다고 했고, 엄마는 아빠가 징그럽다고 했다. 재영이는 아빠가 엄마를 무서워하는 것이 이해되지 않았다. 자신에게는 최고로 좋은 엄마였기 때문이다.

그런 엄마가 변한 건 자신이 학교에 들어가면서부터였다. 언젠가 숙제를 다 해가지 못해서 선생님께 혼이 난 적이 있었고, 그 일로 엄마와 선생님이 통화를 했다. 엄마는 두 손으로 전화기를 붙잡고 "네, 네, 네, 죄송합니다"를 반복하더니 전화를 끊자마자 갑자기 큰 소리로 욕을 하기 시작했다.

그때부터 엄마는 재영이가 조금이라도 실수를 하면 욕을 참지 않았다. 안그래도 소극적인 성격의 재영이는 엄마의 욕설을 들을 때마다 심장이 떨렸고, 두려움에 점점 더 입을 굳게 닫게 되었다. 그러다 보니 몸이 아파도 말을 하지 않아서 큰일을 겪을 뻔한 적도 있었다. 하지만 엄마 기분이 언제 좋을지, 언제 또 무슨 말로 엄마가 자극을 받아서 욕을 할지 알 수 없었기 때문에, 말을 하는 것보다 말을 하지 않는 게 오히려 안전하다고 느끼게 되었다.

우리는 자기 나라 말을 모국어(母國語)라고 한다. 단어의 의미 그대로, 어머니 나라의 말이라는 뜻이다. 재영이에게는 할머니의 말 그리고 엄마의 말이 모국어가 된다. '엄마의 말'은 아이들에게 인성을 길러주는 토양이다. 세상과의 첫 대면에서 '응애' 하고 울음이 터진 이후 울음으로 의사소통을 하는 시기가 지나면 단어를 말하게 되고, 18개월이 넘어서면서부터 간단한 명령어 정도는 할 수 있게 된다.

이때 아이들이 하는 말은 대부분 엄마의 단어와 정서를 그대로 담아내게 된다. 그러니 말의 밭이라 할 수 있는 모국어의 토양이 오염되어 있다면, 그곳에 아무리 좋은 씨앗을 심어도 결국 자라지 못하고 죽게 된다. 인생의 밑그림을 그려야 할 시기에 듣게 되는 욕은 무의식 층위에 진하게 각인되어 있다가, 이성적으로 판단할 수 없거나 논리적으로 설명할 수 없는 순간, 조절할 수 없는 수준의 감정적인 사건을 만나게 되면 불현듯 올라오게 된다.

재영이 엄마는 지성인이라 할 교사가 되었지만 자신이 통제할 수 없는 사건, 특히 자신과 떼려야 뗄 수 없는 재영이에 대한 문제 앞에서는 종종 이성을 놓아버리게 된다. 그런데 욕을 하게 되면 누가 가장 먼저 들을까? 바로 자기 자신이다. 그리고 그 욕의 파편은 의도를 변질시키고, 목적을 변질시키고, 관계의 돌연변이를 양산해 모든 것을 엉망으로 만들어버린다.

자기 위로가 필요하다

재영이 엄마는 삶의 순간순간, 다시는 욕을 하지 않겠다는 다짐을 하고 변화를 시도했지만 번번이 실패하고 말았다. 왜 그럴까? 재영이 엄마는 어린 날의 안정과 행복을 충분히 누리지 못했다. 어느 것 하나 당연히 주어지지 않았던 어려운 삶을 지나며, 자신의 부모로부터 욕을 먹고, 하루하루를 버티고 아픔을 견디었던 그 어린 날에 대해 단 한 번도 위로와 사과를 받지 못했다. 그래서 욕을 하던 부모를 제대로 용서하지도 못했고, 거부하려 했지만 똑같이 욕을 하게 된 자신에 대해서도 용서의 기회조차 갖지 못했다.

재영이 엄마에게는 욕을 들으면서도 잘 버텨준 어린 시절에 대한 격려와 아이들에게 좋은 영향을 주기 위해 선생님이 되려고 했던 순수한 동기와 노력에 대한 칭찬이 필요하다. 그리고 무엇보다 어떤 것도 결정할 수 없고 선택할 수 없었던 어린 시절의 경험에 대해 "아팠겠다. 힘들었겠다. 애썼다"라고 위로받는 시간도 필요하다. 그리고 이제는 어른이 되었으니, 본인 스스로 그때와는 달리 자신이 많이 성장했음을 스스로에게 증명하는 계기가 있었야 한다. 이제는 성인으로서 자신이 어떤 단어를 쓸지, 어떤 감정을 전할지, 어떤 정서를 나눌지 선택할 수 있는 힘이 있으며, 단어를 고를 수 있는 지성이 있고, 그것을 잘 전달할 수 있는 능력도 있다. 그렇다는 사실을 스스로 믿고, 두 번 다시 대물림되어서는 안 될 욕설의 기억에서 벗어나야 할 것이다.

통제가 불가능해지기 전에

최근 들어 인성교육의 중요성이 부각되고 있다. 청소년들의 비행이 성인의 범죄 못지않게 잔인해지고 가혹해지는 것에 대한 염려로, 소년법 개정을 통해 법적 처벌 연령을 낮춰야 한다는 주장에 대한 대안책으로 강조되는 것이 인성교육이다. 여기저기 인성교육에 대한 정의가 넘쳐나고, 수많은 종류의 인성교육이 양산되고 있지만 정작 인성교육의 시작점에 대해서는 논란이 많다.

캘리포니아 대학에서 정신의학 수련을 마친 후 자신이 배운 것들로 현실치료 이론을 만든 윌리엄 글래서(William Glasser)에 따르면 인간은 그 자체로 하나의 통제 체계이며 통제할 수 있는 수준은 행동-생각-느낌-생리적인 작용 순이다. 즉 행동은 생각보다 통제하기 쉽고, 생각은 느낌에 비해 어느 정도 통제가 가능하지만, 생리적인 작용은 통제가 불가능하다는 것이다. 통제 이론대로라면 행동이 바뀌면 생각이 바뀔 수 있고, 생각의 변화를 통해 느낌까지도 바뀔 수 있다는 부차적인 결론을 내릴 수 있다.

지식은 배우지 않아도 인터넷을 통해 얼마든지 얻을 수 있다. 하지만 인성은 글로 배우는 것이 아니라 꽃향기처럼 스스로 뿜어내는 그 사람만의 특성이다. 즉, 인성이 달라지기 위해서는 말을 포함해 드러나는 것들에서부터 변화가 시작되어야 하는 것이다. '아' 다르고 '어' 다르듯이, 말을 통해 드러내는 생각, 느낌, 감정이 곧 그 사람의 인성이라고도 할 수 있다. 그러니 내 아이의 인성이 비단처럼 곱고 박꽃처럼 보기만 해도 웃음이 지어지기를 원한다면, 부모부터 지금 당장 무심히 던지는 욕, 악의 없이 내뱉는 뒷담화, 텔레비전을 보면서 던지는 타인에 대한 비하와 평가를 멈춰야 할 것이다. 그렇지 않다면 아이도 거친 욕설과 독기 가득한 언사로 타인은 물론 자기 자신을 더럽히고 해치게 될 것이다. 폭력적인 언행으로 자신과 부모의 목을 조여오는 안타까운 결과를 가져올지도 모른다.

부부끼리
평등한 대화를 하라

평범하지만 모두가 부러워하는 삶

지방 소도시에서 중학생 아들과 초등학생 딸, 남편과 함께 살고 있는 도현이 엄마는 주변의 부러움을 한 몸에 받고 있다. 착실하고 가정밖에 모르는 남편은 연애 시절부터 결혼 후 지금까지 변함없이 자신을 아껴주는 것은 물론 회사에서도 꽤 인정을 받고 있으며, 중학생인 아들은 '중2병'이란 말이 무색하게 착하고 예의 바르며 공부까지 잘하고 있다. 초등학생인 딸도 주변 사람뿐만 아니라 학교 선생님, 학원 선생님까지 칭찬을 아끼지 않는 모범생 '똑순이'로 어디를 가도 환영받는 아이였다.

아이들과 함께 다니면 어디를 가든 '도현이 엄마는 전생에 나라를 구했나 봐!'라며 부러움 어린 시선이 따라왔고, 애써 아니라고 손사래를 치지만 이 모든 상황이 인생의 보상처럼 느껴져서 도현이 엄마의 기분도 무척 좋았다. 매일 아침 남편과 아이들에게 따듯한 식사를 차리고, 대문 밖까지 나가 배웅해주고 나서 청소를 하고 나면 어느새 오전 시간이 훌쩍 지나가버렸다. 하지만 가족들이 돌아와 자신이 정리해둔 집에서 편하게 쉬고, 자신이 해주는 밥을 세상에서 가장 맛있게 먹어줄 생각을 하면 몸이 조금 힘들긴 해도 가사 일을 도맡아 하는 것에 대한 불만은 크게 없었다. 불만은커녕 집안일을 마치고 좋아하는 원두를 갈아 커피 한 잔을 내린 뒤 마당까지 내려온 가을을 바라보는 여유 있는 시간이 감사할 정도였다.

보호라는 명분의 통제

그런데 안정적이고 편안했던 도현이 엄마의 삶에 작은 사건이 생겼다. 중학생이 된 후 조금씩 자기 목소리를 내기 시작한 도현이가 시험이 끝나서 친구들과 놀겠다는 동생 수현이에게 보인 반응 때문이다. 5학년이 되면서 수현이에게도 여러 친구들이 생겼고, 그 친구들과 하루 종일 SNS를 하는 모습을 보면 조금 걱정스럽기도 했지만 나이에 맞게 잘 크면서 소속감까지 배워가는 것 같아 엄마는 기특하게 느꼈다.

그 주는 수현이의 중간고사가 끝나는 주였다. 시험이 끝나는 다음 날, 수현이는 친구들과 시내에 놀러 나갔다가 저녁을 먹고 오겠다고 했다. 조금 염려가 되긴 했지만 친구들과 같이 가는 것이니 그렇게 하라고 허락해주었는데, 엄마의 말이 채 끝나기도 전에 도현이가 "안 돼!"라고 말하는 것이었다.

엄마가 허락한 일에 오빠가 나서서 반대하는 상황이 당황스러웠던 도현이 엄마는 왜 동생이 친구들과 놀면 안 된다고 하는지 이유를 물었다. 그러자 도현이는 "여자애가 멀리 시내까지 나가서 돌아다니면 안 되죠. 게다가 저녁 시간에 들어온다니 위험하잖아요. 저는 걱정이 돼서 그러는 건데… 왜요?"라고 되물었다. 아이의 말에도 일리가 있었기에 크게 나무랄 수는 없었지만, 그래도 수현이는 친구들과 놀기로 한 것을 오빠가 간섭하자 불만이 가득한 눈으로 "오빠가 뭔데 그러냐?"며 서운한 감정을 드러냈다.

도현이 엄마는 이 사항을 두고 가족회의가 필요하다고 판단했다. 곧이어 남편이 퇴근해서 들어왔고, 이 일을 이야기했지만 남편은 도현이 말이 맞는데 뭐가 문제냐는 식이었다. 결국 친구들을 만나러 가지 못하게 된 수현이는 왜 오빠는 되는데 자신은 안 되냐고 화를 내면서 방으로 들어가버렸다.

다음 날 시험 공부를 하느라 고생한 수현이도 위로하고 가족 분위기도 쇄신할 겸 저녁 외식을 계획하게 되었다. 무엇을 먹을지, 어디로 갈지, 저녁 식사 후에 다른 스케줄이 필요한지에 대해 얘기를 하는데, "저는 파스타가 먹고 싶어요"라고 수현이가 의견을 내자 옆에 있던 도현이가 "됐어. 아빠가 뭘 먹고 싶은지 먼저 여쭤보는 게 빨라. 어차피 엄마는 아빠가 좋아하는 거 먹을 거니까"라고 말하는 것이 아닌가.

그동안 아이들에게 아빠의 권위와 존재감을 세워주기 위해, 그리고 실제로 아빠가 벌어오는 돈으로 생활하고 있는 만큼 당연한 배려라고 생각해 되도록 남편의 취향에 맞추며 노력해온 것도 사실이었다. 하지만 아이 입에서 나오는 말을 듣고 있자니 배려가 아니라 눈치를 보고 살아온 것 같아 도현이 엄마는 불편한 마음이 들었다.

차이가 차별로 이어진다

대학 졸업 후 전망이 괜찮은 기업에서 근무했던 도현이 엄마는 아이들 아빠를 만나 결혼을 하면서 퇴직을 하게 되었다. 물론 어려운 학교 공부를 하고 대학까지 마친 것이 아까운 생각도 들었지만, 회사에서 굉장히 유능한 인재로 주변의 기대를 받고 있는 남편을 위해서는 자신이 희생해서 육아와 살림을 맡는 것이 당연하다고 생각했고, 그래서 일을 그만두게 된 것에 후회는 없었다. 현실적으로도 결혼과 일, 일과 육아, 일과 집안일을 병행하는 것이 너무 버겁다고 느껴진 것도 사실이었다. 시어머니에게 끔찍하게 귀한 아들이어서 부엌에 한 번도 들어가본 적 없다는 남편에게는 두 아이를 키우면서도 감히 도와달라는 말을 할 수 없었고, 남편 또한 남자인 자신은 육아와 집안일을 하지 않는 것이 당연하다는 생각을 가지고 있었다.

아이들이 어느 정도 크고 나니 자기 계발을 위해 일을 해볼까도 생각했지만, 나이 많은 경력 단절 여성이 마땅히 일을 할 수 있는 곳도 많지 않았고, 회사에서 남편의 지위 때문에 아무 일이나 하기도 어려웠다. 그래서 이래저래 조건을 따지다 보니 결국 가장 익숙하고 가족들에게도 도움이 되고 또 가장 잘할 수 있는 가정주부의 자리에 안착하게 된 것이다.

하지만 남편의 지위가 올라갈수록, 아이들이 커갈수록 도현이 엄마는 자신이 지키려고 아등바등했던 것이 무엇인지, 가정에서 자신의 위치는 무엇인지 가늠할 수가 없었다. 어디를 가든 무엇을 사든 경제권을 쥐고 있는 남편의 의견을 묻고 따라야 했고, 심지어는 친구를 만나는 것도 남편이 허락하는 범위 안에서만 만나왔다. 크게 힘든 건 아니었지만 허락을 구할 때마다 번번이 불편했던 것을 남편은 가족에 대한 배려라 말했고, 자신 역시 그렇게 믿었다. 하지만 오빠와 다르게 적용되는 수현이의 통금시간처럼, 집 안에서 발생하는 모든 문제는 경제권을 쥐고 있는 남편에 의해 결정되었다. 그리고 그 모습을 보고 자란 도현이도 어느새 아빠처럼 생각하고 행동하고 있었다.

수현이는 태권도가 2품이고 말도 똑 부러지게 잘한다. 그런 아이가 그저 여자라는 이유로 본인의 의사와는 무관하게 가족 기준(정확히는 남편의 기준)을 적용받아야 하고 저녁 외출을 금지당해야 하는 것인지 그리고 보호한다는 이유로 오빠와 다르게 통제를 받아야 하는지 잘 모르겠다. 정 위험한 상황이 염려된다면 귀가 시간을 앞당겨서 들어오게 하는 식으로 조절할 수도 있는 일 아닐까? 아이의 의사를 무조건 무시하고 금지한 처사가 과연 잘한 일일까? 가족회의라는 이름으로 의논하지만, 늘 아빠의 의견만이 채택되는 현실이 아이들에게 어떤 영향을 끼쳤던 것일까?

운동장이 기울어진 것을 알게 된 때가 바로잡을 때

도현이 엄마는 이제껏 한 번도 불편하거나 차별받는다고 느끼지 못했던 자신의 평범한 삶이 차별이었음을, 아이들을 보고서 비로소 알게 되었다. 그리고 무심결에 했던 자신의 행동과 태도가 아들 도현이에게 직접적인 영향을 주고 있음도 깨닫게 되었다.

도현이가 하는 말과 행동은 어쩌면 차이와 차별을 구별하도록 가르치지 못했던 부모의 탓이었다. 평범하게 모두가 부러워하는 삶을 살고 있는 듯 보였던 부부가 사실은 평등한 대화를 하지 않고, 상대방을 충분히 존중하지 않은 채 살고 있었다는 사실이 여실히 드러난 것이다. 남편이 사랑한다는 이유로 도현이 엄마에게 했던 많은 행동들도, 사실은 온정적 차별주의이며 보호한다는 명분의 통제라는 것도 알게 되었다.

도현이 엄마는 15년간의 결혼 생활에서 차별받는다고 느끼지 못했고, 특별히 간섭받는다고 느끼지 못했다. 그러나 도현이가 동생 수현이에게 던지는 무시하는 말투와 여자이기 때문에 하면 안 된다는 통제들이 하나씩 늘어가는 것을 보면서, 아이들이 발 딛고 섰던 그곳이 사실은 기울어진 운동장이었다는 사실을 깨달았다. 그곳은 아빠는 권력자, 엄마는 약자, 남자는 강자, 여자는 보호대상이라는 공식으로 지탱되고 있었던 것이다.

문제를 깨달은 도현이 엄마는 다시 가족회의를 소집하고자 했다. 우선 수현이의 시내 외출 문제를 다시 꺼내 이야기하자고 할 참이다. 무조건 수현이의 저녁 외출을 허락하자는 것이 아니라, 가족 구성원 네 명의 의견과 주장이 동등한 무게로 펼쳐지고, 서로의 말을 동일한 무게로 듣고 결정하는 민주적인 회의를 시작하고 싶은 것이었다. 그리고 바로 여기에서부터 시작해야겠다고 마음먹었다.

부모는 아이들의 거울이다

도현이 엄마는 가족회의에서 예전처럼 "아빠 의견에 따르자"라고 하는 대신 "수현이 생각은 어떠니?", "도현이는 어때?"라고 물었고, "내 생각은 이런데…"라고 의견을 내기도 했다. 남편은 처음 보는 광경에 다소 의아해하기도 했지만 수현이와 도현이가 자신의 목소리를 내고 조리 있게 설명하는 모습을 보면서, 자식이지만 자신과 다르게 세상을 보는 아이들의 관점을 배우기도 했다.

아이들은 보는 대로 자란다. 평등한 대화를 하는 부모 밑에서 자란 아이들은 평등의 가치를 알고 타인의 권리와 의견을 존중할 줄 아는 아이로 자랄 것이고, 그런 연장선상에서 본인의 권리도 찾을 수 있을 것이다. 가정에서부터 이미 평등한 관계를 경험하지 못했다면 어른이 되어서 이 경험을 찾고 자기 권리를 주장하기까지 꽤 오랜 시간이 걸릴 것이다.

또한 평등을 가르치기 위해서는 어릴 때부터 '다른 것은 다르게, 같은 것은 같게' 보는 감수성을 길러야 한다. 그동안 당연하다고 여겨왔던 남자에게 어울리는 색, 여자에게 어울리는 색부터 시작해 직업의 범위, 사회적 역할 등에 대해 의문을 제기하고, 자연스럽게 의견을 나누어야 한다.

예를 들어 텔레비전을 보다가 힘쓰는 일을 당연히 남자 직원이 하는 것을 보면서 "꼭 남자만 힘쓰는 일을 해야 할까? 어떻게 생각하니?"라고 질문을 던져보고, '내 생각'과 '네 생각'을 견주며 튜닝해 가는 것이 그러한 과정이고, 그 결과가 바로 평등인 것이다.

부모의 태도가 자녀들의 우애를 결정한다

잃어버린 가족 풍경

일요일은 일주일 중 유일하게 지석이네 가족이 모두 모이는 날이다. 하지만 오늘도 지석이네 집은 찬물을 끼얹은 듯 조용하기만 하다. 보는 사람 없이 켜져 있는 거실의 텔레비전이 아니라면, 이곳에 사람이 살지 않는다고 해도 믿을 지경이다.

지석이 아빠는 일찍부터 등산을 가야 한다며 집에서 나가버렸고, 엄마는 아무도 손대지 않는 밥상을 앞에 두고 두 시간이 넘게 '멍때리고' 있다. 설거지하고 돌아서기가 무섭게 또 '밥'을 외치던 두 아들 때문에 밥상을 차릴 새도 없이 선 채로 밥 한 공기를 뚝딱 먹어 치우던 두 아이를 보면서 행복한 아우성을 쳤던 그때가 그립기만 하다.

하지만 이제는 그 시절로 돌아갈 수 없다는 것을 인정해야만 한다. 언젠가부터 대화가 없어진 지석이와 지훈이 그리고 쉬는 날이면 산으로만 가는 남편이 모두 자신의 탓인 것만 같아 속상할 뿐이다. 자신은 그저 두 아들을 위해 살면서 취미도, 특기도 모두 아이들 돌보는 것이 되어버렸지만, 그것에 억울하기보다는 행복했고, 자신과 남편이 세상에 없더라도 두 아이가 끝까지 잘 지내주기를 바라는 마음으로 애쓴 것밖에 없는데, 왜 이렇게 되었는지 이해가 되지 않았다.

사소한 갈등이 불러온 결과

지석이와 지훈이는 두 살 터울이다. 지석이는 고등학교 1학년이고, 지훈이는 중학교 2학년이다. 아침에 눈 떠서 밤에 잘 때까지 한시도 떨어지지 않고 장난치고, 게임하고, 공부든 놀이든 함께하면서 누구 하나라도 없으면 큰일 날 것처럼 서로를 찾던 두 아이였다. 그랬던 아이들이 대화를 하지 않은 지 벌써 2년째가 지나고 있었다. 그래도 처음에는 지석이 엄마가 시키면 억지로라도 같은 식탁에서 밥을 먹고 억지로라도 같이 외출도 했지만, 이제는 대화는커녕 집에서 마주치기라도 하면 누가 먼저랄 것도 없이 잽싸게 각자의 방으로 들어가버려, 마주치는 순간조차 거의 없었다.

시작은 별일이 아니었다. 아이들이 조금씩 크면서 하루가 멀다 하고 싸우게 되었고, 지석이 엄마가 보기에는 장난이라고는 하지만 남자아이들이다 보니 너무 과격했고, 가끔은 주먹다짐까지 하곤 했다. 그런 다툼에 엄마가 버거워할 때쯤, 남편까지 지방으로 발령이 나게 되었다. 지석이 엄마도 사람인지라, 2년을 넘게 고집 센 두 아이를 혼자서 키우다 보니 하루하루 지쳐갔다. 하루는 짜장면이 먹고 싶다고 해서 시켜주었는데, 두 녀석이 서비스로 온 만두 다섯 개를 놓고 서로 더 먹겠다고 싸우는 모습이 기가 막히고 화가 나서 큰아이를 근처 외할머니댁으로 보내버렸다.

큰아이는 동생이 잘못했는데 왜 자신이 할머니 댁에 가야 하느냐고 따졌지만, 더 이상 실랑이하는 모습을 보고 싶지 않은 마음에 억지로 문밖으로 밀어내 보내버렸고, 작은아이는 작은아이대로 방으로 들어가게 한 뒤 며칠이 지나도록 아이의 이름조차 부르지 않았다.

마음을 닫아버린 아이

일주일 만에 다시 집으로 돌아온 큰아이는 달라져 있었다. 동생을 보고도, 엄마를 보고도 아는 체하지 않았다. 그러고는 말문을 굳게 닫아버렸다. 지석이 엄마는 아이가 단지 삐졌거나 서운한 마음이 들어 그러는 것이겠거니 생각해 특별히 달래주거나 외할머니댁으로 보낸 것에 대해 사과하지 않았다. 오히려 고작 만두 때문에 동생과 싸운 것에 대한 사과를 받고 싶었지만, 지석이 역시 사과는 없었다.

그런데 그때부터 지석이가 자신의 방에서 나오지 않는 시간이 길어졌다. 그러다 식구들이 없는 시간에 혼자서 밥을 먹고, 혼자서 외출하고, 대화를 거부하면서 조금씩 입을 닫아버리더니 이제는 마음까지 완전히 닫아버린 것이다.

누구의 편도 아니라면 차라리 가만 있어라

지석이 엄마는 지석이가 그렇게 된 데는 지훈이의 책임도 어느 정도 있는 것 같아 시간 날 때마다 형한테 사과하라고 종용했다. 처음에는 지훈이도 형 방에 찾아가 노크도 하고, 형한테 미안하다고 문자도 보내면서 노력했다. 하지만 지석이는 아무런 대답도 하지 않고, 그럴 때마다 "좀 더 성의있게 마음을 담아서 문자를 보내라"라고 엄마가 잔소리하자, 그것을 피해 방으로 들어가더니 지석이처럼 입을 닫아버리게 되었다.

처음에는 식사나 빨래에 대해 신경 쓰지 않아도 돼서 편하다는 생각도 들었는지만 두 아이가 방문을 닫고 나오지 않는 날이 길어지면서 주말이면 집으로 오던 남편과의 대화도 단절되었다. 하루 종일 가족들과 한마디도 말을 하지 못하고 넘어가는 날이 많아지면서, 엄마는 가만히 있어도 눈물이 나는 지경까지 이르렀다. 끊임없이 아이들 방을 노크해보고, 이름을 불러보고, 아이들이 좋아하는 음식도 해서 차려봤지만 한번 닫힌 아이들의 방문은 쉽게 열리지 않았다.

그렇다고 동굴에 들어간 아이들을 이대로 둘 수는 없었다. 자신은 엄마이고 이 모든 일이 자신 때문에 생긴 것 같았기에, 그런 상황에서 엄마인 자신까지 두 아이를 포기하면 끈 떨어진 연처럼 하늘 저 멀리로 날아가버릴 것만 같았다. 두 아이 방 사이에서 아이들의 움직임에 귀를 기울이는 것으로 위안을 삼게 되었다. 아무 일 없었다는 듯 아이들이 "엄마 배고파!" 하고 방문을 나올 그날을 기다리며 엄마는 오늘도 식탁에 앉아 아이들의 방 문만 번갈아 바라보고 있다.

엄마는 누구 편이어야 할까?

지석이 엄마는 아이들이 어렸을 때부터 지석이와 지훈이가 다투게 되면 아이들을 각자 방으로 분리한 뒤 한 명씩 찾아가 상황에 대한 설명을 듣고, 아이들을 달래주었다. 책에서도 그렇게 하는 게 좋다고 했고, 아이들도 지석이 엄마의 방식에 크게 거부감이 없었다.

그런데 지석이 엄마의 방식은 아이들 각자의 편이 되어주는 대신 좌절감과 굴욕감을 안겨주는 방식이었다. 지석이에게는 "네가 형이니까 동생을 좀 봐줘라. 형이 돼서 그렇게 하면 지훈이가 형을 어떻게 생각하겠니? 형이 형답게 굴어야 동생도 형을 보면서 좋은 행동을 배울 수 있지. 그러니 앞으로 잘해"라고 말했고, 지훈이에게는 "동생이 되어서 맨날 형을 이겨 먹으려고 하면 어떡하니, 네가 형을 무시하면 형이 큰일을 못한다. 네가 아무리 잘해도 동생은 동생인 것이니 앞으로는 형 기죽이지 말고 형이 말할 때 무조건 알겠다고 해라"라고 타일렀던 것이다.

지석이 엄마는 그렇게 해야 서로가 서로에게 못한 말과 마음을 알 수 있을 것이라 생각했고, 중간에서 서로의 마음을 전달해주는 역할이 바로 엄마의 역할이라고 착각했던 것이다.

하지만 그런 방식은 해결이라는 명분을 앞세워 두 아이에게 원망의 씨앗을 심는 결과를 가져왔다. 지석이 엄마는 의도하지 않았겠지만 형제는 상대방 때문에 혼이 났고, 해소되지 못한 감정을 단지 형이라는 이유, 동생이라는 이유로 참으면서 감정을 억눌러야 했다. 결과적으로 엄마는 두 형제 중 그 누구의 편도 들지 않았고 구겨진 자존심과 모멸감이 쌓이고 쌓여 다시 서로를 향하게 된 것이다.

온전한 '내 편' 되어주기

옛말에 싸우는 시어머니보다 말리는 시누이가 더 밉다는 말이 있다. 아이들은 어땠을까? 두 아이를 분리하는 것보다 두 아이가 왜 싸우는지 각자의 이야기를 충분히 들어봤다면 분명 상황은 달라졌을 것이다.

대화는 내가 하고 싶은 말만 하는 것이 아니라 상대방에게 전달되는 것이 중요하다. 한 사람의 말이 끝나기 전까지 다른 사람은 일단 들어주면서 말이 끝나기를 기다려야 한다. 그리고 한 사람의 말이 끝났을 때 다른 사람이 얘기하도록 하고, 서로를 비난하기보다 사건에 대한 사실과 자신이 어떻게 느꼈는지를 설명하도록 한다. 여기에서 엄마의 역할은 아이들이 각자의 목소리를 내면서 상대에 대한 비난이나 욕설을 하게 될 때 정정해주는 것이다. 또 아이들이 말하는 내용을 잘 듣고 다시 한번 요약해서 전달해주면서 아이들 스스로 해결책을 내놓을 수 있도록 안내하는 길잡이가 되어주어야 한다.

지석이와 지훈이는 갈등이 생길 때마다 미성숙한 자세로 성급하게 개입하는 엄마 때문에 감정은 감정대로 쌓이고 문제해결 능력도 키우지 못했다. 그러면서 단 한 순간도 자신의 편을 들어주지 않았던 엄마로 인해 관계를 끊는 특단의 조치를 취한 것이다. 지훈이와 지석이처럼 대화를 하지 않음으로써 자신과 타인을 보호하는 것을 정신분석이론에서는 '반향'이라고 한다.

자식이 부모를 미워하는 건 죽기보다 어려운 일이다. 그래서 부모의 행동을 탓하는 대신 자신에게서 잘못을 찾으면서 우울해지거나, 자꾸만 미워지려는 감정을 주체하지 못해 집을 뛰쳐나가 거리를 방황하는 경우도 있다.

다자녀 엄마가 저지르는 흔한 실수

지석이 엄마뿐 아니라 두 자녀 이상을 키우는 많은 부모들이 비슷한 태도를 취한다. 자녀 간에 갈등이 생기면 집안을 조용하게 하기 위해서, 갈등 자체가 싫어서, 자녀들이 무조건 잘 지내기만을 바라는 욕심 때문에 그렇게 하는 것이다. 하지만 아이들 각자는 사랑의 그릇도 감정의 그릇도 모두 그 크기가 다르다. 그리고 자신-미래-세상이라는 인지삼제를 대하는 방식도 다르다. 그런데도 부모는 아이들의 개별성이나 특성과는 무관하게 같은 방식, 즉 부모가 알고 있는 방식으로 아이들을 혼내게 된다.

상황이나 감정을 이해받지 못한 채 혼나는 아이들은 부모가 아무리 같은 강도와 빈도로 혼을 내도, 다른 형제가 더 사랑받는다고 여기고 상대적으로 자신은 사랑받지 못하는 존재라고 느끼게 된다. 또 부모의 입장에서도, 열 손가락 깨물어 안 아픈 손가락이 없다지만 아이들 중에 기질이나 성향이 부모와 같아서 서로 잘 통하는 아이보다는 성향이 다른 아이의 행동이나 생각이 거슬릴 수밖에 없다. 부모로서 잘되라는 의미로 지적하고 충고하고 가르치겠지만, 아이를 위한 충고가 아니라 부모 눈에 거슬리는 부분을 지적하는 행위일 뿐이고 부모에게 혼이 나는 형제를 다른 형제 역시 만만하고 우습게 생각하게 되는 결과를 가져올 수도 있다.

또 혼낼 때뿐만 아니라 칭찬을 할 때도 부모의 의도와는 상관없이 아이들은 상대적 박탈감과 무력감을 경험한다. 동물의 능력을 시험하기 위해 모든 동물을 모아놓고 '누가 먼저 나무에 오르는가?'로 평가한다면 과연 공정한 시험이라고 할 수 있을까?

아이들은 흥미와 능력, 가치관이 다 다르다. 특히 결과 위주의 칭찬은 경쟁심을 조장하고 무력감을 경험하게 할 뿐이다. 칭찬을 받는 아이는 언제 이 칭찬이 거둬질지 몰라 불안하고, 칭찬을 못 받는 아이는 언제 부모의 사랑이 거둬질지 몰라 불안해한다. 과정

위주의 칭찬, 노력한 부분에 대한 격려를 통해 도전할 수 있는 용기와 함께 자율성을 갖게 하고, 성취감을 통해 자존감을 쌓을 수 있도록 해야 한다. 어느 소가 더 일을 잘하냐는 질문에 귓속말로 대답하던 농부의 마음처럼 칭찬도 신중을 기할 줄 아는 부모여야 한다.

부모의 입장이 아닌 '너는 어떤데?'

지석이 엄마는 관계 회복을 위해 상담실을 찾았고, 자신의 대화법이 아이들뿐만 아니라 남편과도 통하지 않는 방식임을 이해하게 되었다. 그동안 아이들에게 던졌던 엄마의 말이 사실은 어린 시절 언니와의 갈등에서 자신의 어머니가 자신에게 했던 방식이고, 그때 언니에게 말하지 못한 억울함, 엄마에게 말하지 못한 서운함이 아이들에게 고스란히 대물림되고 있다는 것을 알게 되었다. 그래서 상담을 받는 과정에서 상담사와 역할을 바꿔 지석이가 되어보기도 하고 지훈이가 되어보기도 하면서 비로소 자신의 잘못된 역할 때문에 아이들이 받았을 상처를 알게 되었고, 아이들과의 단절 이후 산으로만 향하는 남편에 대해서도 이해하는 마음을 가질 수 있게 되었다.

지석이 엄마는 아이들에게 제대로 사과하고 싶었지만 어떻게 해야 할지 몰랐다. 하지만 "그래, 엄마도 잘못했어. 근데 너희들이 사이좋게 지냈다면 이런 일은 없었을 거야"라고 말하던 과거의 방법에서 벗어나 "엄마가 너희를 충분히 이해해 주지 못해서 미안하고, 둘이 충분히 해결할 수 있는데 믿어주지 못해서 미안하고, 설명할 수 있도록 기다려주지 못해서 미안해. 그리고 이런 엄마를 미워하지 않아줘서 진심으로 고마워!"라고 말할 수 있을 때까지 단어 하나, 문장 한 줄을 꼭꼭 씹어서 뱉고, 기다리고, 참는 연습을 했다. 그렇게 노력하면서 비로소 자신의 입장이 아닌 아이들의 입장에서 사과하는 법을 배울 수 있었다.

아이들도 그런 엄마의 진심 어린 사과에 비로소 마음을 열기 시작했다. 물론 지석이와 지훈이가 다시 서로를 형, 동생으로 대하기까지는 해가 바뀌어야 했지만 그럼에도 어떤 상황에서도 엄마의 기준, 엄마의 바람, 엄마의 욕심으로 접근하지 않고 '너는 어떤데?'라고 물어봐주는 엄마의 변화가 아이들 역시 변화할 수 있는 시작점이 되어준 것이 분명하다.

생각이 이루어지는 R = VD

이지성 작가는 상대성 이론을 조금 변형해서 'R=VD'라는 공식을 만들어 자신의 책《꿈꾸는 다락방》(국일미디어, 2007)에 소개했다. R=VD 공식은 '생생하게 꿈꾸면 이루어진다'라는 의미를 담고 있다. 뇌는 상상과 현실을 구분하는 능력이 없으므로 매일 30분씩 시간을 내서 성공한 자신의 모습을 상상한다면 원하는 꿈을 이룰 수 있다는 것이다. 그리고 이와 비슷한 방법으로 스필버그, 피카소, 아인슈타인, 디즈니, 나폴레옹 등이 자신의 목표 달성에 가까워졌다고 한다. 이를 실천하는 방법은 먼저 자신이 소망하는 것들을 글로 적은 후 자주 보면서 자신이 원하는 모습을 꿈꾸는 것이다. 그리고 다음에 나와 있는 '소망 나무' 그림을 활용해보면 좋다. 예를 들어 새해 첫날이라면 올해 이루고 싶은 소망을 하나씩 적어서 나무에 붙여두고 잘 보이는 곳에 두면 된다. 집에 공간이 있다면 5년 안에 이루고 싶은 소망, 10년 안에 이루고 싶은 소망까지 적어서 걸어두는 것도 좋다. 한 해가 끝난 시점에서 가족들이 자신이 연초에 적었던 꿈에 관해 이야기하고 서로 격려하면서 그동안의 노고를 칭찬하는 시간을 갖고, 다시 꿈을 적어서 새롭게 소망나무를 가꿔나가면 된다. 원하는 것이 있다면, 꿈이 현실이 되길 바란다면 생생하게 꿈꾸면 된다.

소망 나무

3장

학습도 진로도 새로고침이 필요하다

말과 행동이 다른 엄마는 아이를 분열시킨다

어른 아이로 살고 있어요

스물여섯 살이 된 인성 씨는 취직한 지 1개월 만에 또 직장을 그만뒀다. 이유는 자신이 일하는 방식에 대해 누군가 간섭했고, 당시엔 하지 못했던 말을 회식 자리에서 술기운을 빌려 얘기하던 중 화를 주체하지 못하고 회사 기물을 파손하고 상대방을 때리기까지 했기 때문이다. 인성 씨가 화를 주체하지 못해서 사고를 친 것은 이번이 처음이 아니다. 이런 일이 계속 반복되고 있어서 벌써 10여 곳 넘게 직장을 옮겨 다녀야 했다. 한 곳에서 3개월 이상 일을 해 본 적이 없었고, 그만두는 이유도 항상 똑같았다.

인성 씨의 첫인상은 '숫기 없음' 그 자체였다. 겉모습만으로 사람을 판단하면 안되겠지만, 저런 사람이 술을 마시고 기물을 파손하고 사람을 때리고, 입에 담기도 민망한 욕을 하는 것도 부족해 충동적으로 고가의 차를 계약해버리고, 일확천금을 꿈꾸며 도박을 한다는 것이 도무지 믿어지지 않았다. 술에 취하지 않은 상태의 인성 씨는 자신의 문제를 너무나 잘 알고 있었고 자신의 충동성과 공격성을 고치고 싶은 욕구도 컸다.

"술 마시면 화내고, 물건을 부셔요. 그리고 누가 뭐라고 하면 못 참아요. 안 해야 되는데 잘 안 돼요."

인성 씨는 그런 자신의 버릇을 고치고 싶고, 바꾸고 싶어서 여러 번 술을 끊어보기도 하고, 치료도 받아봤지만 잘 안 된다고 했다. 결국 다른 사람은 인성 씨 나이에 번듯한 직장에 취직해서 안정적으로 돈을 벌고 자신이 하고 싶은 것도 하고 여자 친구도 사귀는데, 자신은 아무것도 이룬 게 없다고 자책하고 있었다. 심리검사 결과 인성 씨는 피해의식이 높고, 항상 화를 낼 준비가 되어 있으며, 충동성과 행위중독 가능성은 높은 반면 자존감과 자아 강도 및 포부가 낮고, 자신에 대해 굉장히 부정적이며, 긍정적 정서보다는 부정적 정서가 더 발달한 사람이었다.

"이제껏 생활하면서 많이 불편하고 힘들었을 것 같다"라고 말하자 고개만 주억거렸다.

"어릴 때 꿈이 뭐였나요? 하고 싶은 게 굉장히 많았을 것 같은데…." 이렇게 꿈을 물어보았는데, 인성 씨가 이유도 설명하지 않고 갑자기 흐느껴 울기 시작했다. 마치 자신도 자신이 왜 우는지도 모르는 것 같았고, 울 수 있는 자리를 찾아온 사람처럼, 마치 원래부터 울려고 태어난 사람처럼 한참 동안 그는 울기만 했다.

시간이 지난 후 겨우 안정을 찾은 인성 씨에게 어떤 말이 그렇게 슬펐냐고 물어보았다. 인성 씨는 이렇게 대답했다.

"나에게 꿈이 뭐냐고 아무도 물어봐준 적이 없었어요…."

엄마가 하는 이중적인 표현의 의미와 영향

인성 씨의 부모는 사회 고위층이었다. 인성 씨 밑으로 여동생이 있는데, 시키지 않아도 자신의 역할을 잘 해내는 아이라서 그 아이 때문에 속이 상해본 적은 없었다. 하지만 인성 씨는 달랐다. 어릴 때부터 뭔가 어설프고, 부족하고, 서툴렀다. 과묵한 아버지는 인성 씨를 탐탁지 않아 했고, 그럴 때마다 인성 씨의 어머니는 아버지 눈 밖으로 밀려나는 아들을 보는 것이 힘들어서 애써 상황을 외면하곤 했다.

하지만 다른 사람이 없을 때면 엄마는 완전히 다른 사람이 되었다. 아버지 앞에서는 "인성이가 아직 어른이 아니고, 애들이 크면서 다 그렇죠. 당신이 조금 이해해줘요"라고 말했지만 정작 아버지가 없는 자리에서는 "할 줄 아는 게 하나도 없고 동생보다 못한 오빠"라며 대놓고 나무랐다. 사람들 앞에서 "우리 인성이는 대기만성형이라 그래요"라고 했던 모습은 간데없고 "빨리빨리 못하니? 느려 터져서. 아주 너만 보고 있으면 숨이 턱턱 막힌다"라며 채근하고 닦달했다.

밥을 차려주면서도 "밥이 넘어가니?"라는 말과 함께 "밥이라도 많이 먹어라. 네가 지금 그것밖에 무슨 하는 일이 있니. 그래, 네가 안 먹으면 어차피 버려야 하니까 먹어!"라고 비아냥댔다. 그럴 때마다 인성 씨는 수저를 들어야 할지 말아야 할지, 밥을 먹어도 되는 건지 먹으면 안 되는 건지 헷갈리기만 했다.

자기 전에는 아침에 일찍 일어나서 변화된 모습을 보이라고 해서, 알람까지 맞춰서 일찍 일어나면 "뭐하러 일찍 일어나서 사람을 귀찮게 하니?"라고 했고, 학생이면 성실히 학교를 잘 다녀야 한다고 해서 가방을 메고 나서면 "공부도 안 하는데 가방은 뭐하러 들고 가니? 누가 보면 공부 잘하는 줄 알겠다"라고 빈정거렸다. 어느 때는 책을 읽다가도 엄마가 마트에 갈 때면 무거운 짐을 들어드리기 위해 따라 나섰는데, 번번이 돌아오는 반응은 "공부하기 싫은데 마침 엄마가 마트 간다니까 잘됐지? 머리 쓰기 싫으면 몸이라도 써야지 별 수 있니?"라며 아들의 순수한 의도를 폄하했다.

그렇다 보니 인성 씨는 엄마와 대화를 할 때 어떻게 반응해야 할지, 도대체 어떤 대답을 해야 엄마가 만족할지를 고민하느라 대답조차 제때 할 수 없었다. 그럴 때마다 여지없이 엄마의 비난은 활이 되어 날아왔다. 인성 씨 엄마는 인성 씨를 낳고 세상을 다 얻은 것처럼 기뻤다. 남편과 교제를 시작하고 결혼할 때 많이 기울었던 집안의 차이를 인성 씨를 낳은 것으로 다 보상받는 기분이었다.

하지만 아이가 자라면서 흘리고, 넘어지고. 느리고, 어설픈 모습을 보이면서 인성 씨를 데리고 외출을 하거나, 시댁을 가거나 심지어는 남편과 같이 밥을 먹는 것도 불편해지기 시작했다. 인성 씨의 부족해 보이는 행동에 대한 책임이 자신에게 화살이 되어 쏟아질 것 같아 두렵기만 했다. 그래서 처음에는 행동을 고치기 위해 조심스럽게 하나둘 지적했지만, 인성 씨는 아무리 해도 고쳐지지 않고 오히려 더 나빠지는 것 같았다.

자식인 인성 씨가 눈앞에서 피를 철철 흘리고 있는 것을 알면서도, 그렇게 '조금만 더, 한 번만 더, 마지막으로'라는 핑계로 반복하다 보니 그런 인성 씨를 비난하는 게 엄마로서도 습관이 되어버린 것 같았다. 그러면서도 그녀는 다른 사람이 있을 때는 인성 씨를 지적하지 않았다. 자신만이 그럴 자격이 있다고 믿었기 때문이다. 자신이 아닌 타인이 인성 씨를 비난하거나 평가하는 건 인성 씨가 아닌 인성 씨 엄마 자신의 인생을 비난받는 것과 같아 참을 수 없었던 것이다.

도저히 화를 참을 수 없었다

인성 씨는 고등학교를 졸업한 뒤 대학에 진학하지 못하고 취직했다. 빨리 돈을 벌어서 제대로 된 독립을 하고 싶어서 부모님의 권유에도 진학을 포기했던 것이다. 하지만 취직하고 이틀 만에 문제가 생겼다. 자신에게 일을 가르쳐주던 주임이 자신에게 "넌 왜 어제 가르쳐준 것도 기억을 못 하냐?"라고 말한 순간, 자기도 모르게 욕을 하고 화를 내버린 것이다.

못하면 가르쳐주는 게 당연하고, 어설프면 익숙해질 때까지 기다려줘야 하는데 비난부터 하는 대리에게 본때를 보여주고 싶은 마음이었다. 하지만 결과는 예상과 달랐다. 인성 씨 의견은 듣지도 않고 무조건 인성 씨 잘못으로 몰아가는 대리에게 인성 씨는 또 화를 내고 말았다. 그렇게 일파만파로 일이 커지고 결국 일주일 만에 회사를 그만둬야 했다. 집으로 가는 게 죽기보다 싫었지만 집밖에 갈 곳이 없던 인성 씨는 술 한 병을 사서 마시고 겨우 용기를 내서 집으로 갔다. 그런 인성 씨를 맞이한 건 엄마의 비난이었다.

"할 줄 아는 게 없으면 얌전히 배울 줄이라도 알아야지. 넌 어째 잘하는 게 한 가지도 없니? 아주 잘했다 잘했어."

부모의 이중 메시지는 아이들을 미쳐버리게 한다

조현병을 유발하는 원인 그리고 재발하게 만드는 원인 중 1위가 이중적인 메시지라고 한다. 사랑한다면서 때리는 행위, 밥을 차려주면서 비난하는 말투, 같은 상황에서 부모의 기분에 따라 어제는 사랑한다고 말했다가 오늘은 맹비난을 퍼붓는 말투들이 아이들을 소위 '미쳐버리게' 만드는 것이다.

가랑비에 옷 젖듯 어린 시절 들었던 이중 메시지는 '내가 무엇을 잘못했을까?'에서부터 타인의 의도를 의심하고 어떻게든 앙갚음하고 싶고, 항상 화낼 준비가 되어 있는 성마름을 만들어내고, 타인과 관계를 맺지 않는 것이 자신을 지키는 것이라고 믿게 한다. 그래서 인성 씨 역시 고립되고, 의심하고, 회피하고, 누구도 막을 수 없을 정도로 충동적이고, 분노 게이지가 수직 상승하는 공격적인 사람이 되어버린 것이다. 인성 씨가 어떻게 느끼는지, 어떤 기분인지, 어떤 것을 원하는지 물어본 적 없이 자신의 프레임 안에서 끊임없이 이중 메시지만 던졌던 엄마로 인해 인성 씨는 세상과 사람에 대한 신뢰를 잃어버렸고, 사람들의 말 속에서 자신을 비난하고 평가하는 메시지만을 찾는 편집증 환자가 되었다.

"지금 기분이 어때요?"

"혹시 불편한 거 있어요?"

"기분 나쁘게 들리지 않았어요?"

"어떤 기분으로 살고 싶으세요?"

이렇게 자신의 감정과 느낌을 돌아보고, 탐색하고, 표현할 수 있는 질문이 인성 씨에게는 무엇보다 필요했던 것이다.

치유의 시작은 '사과'에서부터

인성 씨의 엄마는 타인의 시선과 평가를 중요하게 여겼고, 자존심도 유독 강한 사람이었다. 그래서 집안 차이로 극구 반대하는 결혼을 위해 치욕스런 상황까지 견뎌야 했다. 하지만 타인의 시선만 의식하다 보니 정작 자신이 원하는 걸 알지 못했다.

그녀가 남편의 부인, 시아버지의 며느리, 형님의 동서로 살아가는 데 있어 유일하게 기죽지 않고 나설 수 있는 이유는 아들 인성 씨의 존재였고, 집안의 유일한 아들인 인성 씨를 자신이 낳았다는 자부심이 있었다. 그런데 자신을 지켜주었고, 지키려 했던 그 '자존심'이 부메랑처럼 자신을 위협해왔다. 그래서 자신의 안전을 위해 인성 씨를 고치려 했지만 결국 자신의 뜻대로 되지 않았던 것이다. 자신과 아들의 인생이 다르고, 어떤 사람도 타인을 바꿀 수 없다는 걸 그녀가 미리 알았더라면 얼마나 좋았을까? 최소한 인생에서 문제가 발생했을 때 도움을 요청할 단 한 사람이라도 있었다면 자신의 방식만 고집하고, 그 방식이 먹히지 않아서 결국 왜곡된 믿음이 되는 일은 없었을지도 모른다. '조금만 더 하면 되겠지, 이 일을 할 사람은 나밖에 없어, 나는 엄마니까….'

인성 씨도, 인성 씨 엄마도 감당해야 할 숙제가 너무나 컸다. 두 사람을 마주 앉게 했지만 인성 씨는 엄마의 얼굴을 제대로 쳐다보지도 못했다. 마치 포식자 앞에 선 먹잇감이 보일 듯한 두려움과 긴장이 상담실을 휘감았다. "인성 씨 괜찮아요?" 가만히 고개를 끄덕이는 인성 씨를 바라보던 인성 씨 엄마의 표정이 구겨졌다가, 상담자인 나와 눈이 마주치자 그녀는 애써 웃는 표정을 지어 보였다. 나는 인성 씨 엄마에게 말했다.

"저에게는 잘 보이지 않으셔도 됩니다." 모든 사람에게 잘 보일 수도 없고, 모든 사람에게 사랑받을 필요도 없다는 걸 알려주려는 의도적인 표현이었다. "어머니가 인성 씨라면 엄마한테 무슨 말을 들으면 위로가 될까요?" 하지만 인성 씨 엄마는 대답하지 못 했다. 항상 자신이 강자였고, 그래서 상대방이 하고 싶은 말도, 느끼는 감정도 알려고 한 적 없이 막 던졌으니 인성 씨의 심정을 이해할 리 없다. 이번에는 인성 씨에게 말했다. "인성 씨는 엄마한테 무슨 말을 해야 할까요?"

자신의 목소리를 내본 적 없이 엄마의 아바타, 그림자처럼 살아온 인성 씨 또한 아무 말을 하지 못하는 것은 매한가지였다. 이미 성인이지만 두 사람 모두 온전한 성인으로 성장하지 못했고, 그렇기에 모자 관계가 제대로 형성되어 있지 못했으며 세상을 대하는 방식 또한 돌쟁이 아이와 다를 바가 없다. 두 사람은 완전히 다른 것 같지만 또 완전히 닮아 있었다. 인성 씨 엄마는 자신의 말만 하고, 인성 씨는 자신의 말을 하지 못하는 것, 즉. '내' 것만 말하는 사람과 '내' 것도 말하지 못하는 사람은 같은 상황의 다른 측면, 거울과도 같다고 할 수 있었다.

"어머니는 진심을 다해 사과하셔야 합니다. 그리고 인성 씨는 하고 싶지 않았고, 듣고 싶지 않았다고 말하셔야 해요."

그렇게 많은 말로 상처를 주던 엄마가 인성 씨에게 "미안하다"라는 한마디를 건네기까지는 한참의 시간이 걸렸다. 나이를 먹었다고, 결혼을 했다고, 아이를 낳았다고 당연하게 어른이 되는 것이 아니다. 어른은 어른다운 행동을 해야 어른인 것이다. 자신을 객관화해서 볼 줄 아는 것이 필요한다. 어른답게 행동하는 것은 누구에게나 어렵다. 그러나 말의 새로고침, 생각의 새로고침, 행동의 새로고침이 되어야 비로소 관계가 바뀌고, 삶이 바뀐다.

아이의 성향에 맞는 맞춤 진로가 필요하다

'수저' 때문에 좌절하는 아이들

몇 년 전, '수저' 논쟁이 대한민국을 뜨겁게 달구었다. 아이들은 자신이 갖고 태어났거나 들고 있는 수저가 어떤 색깔인지를 궁금해했고, 수저 등급에 맞춰 자기 자신을 스스로 평가하기도 했다. 부모 역시 자신의 사회 경제적 위치를 자의와는 상관없이 받아들여야 했다. 흙수저 아이들은 자신이 흙수저라는 것을 들키지 않기 위해 위축됐고, 금수저는 금수저 나름대로 플래티넘이 되지 못한 자신에게 좌절했다.

문제는 아무것도 모르는 아이들에게 더 많이 가져야 무시당하지 않는다고 부추기고, 더 많이 가져야 이 자리를 지킬 수 있으니 '급'이 다른 아이들과 어울리지 말라고, 더 열심히 공부만 하라고 채찍질하는 사람이 부모라는 사실이다.

요즘은 초등학생에게 장래희망을 물으면 돈을 한 번에 많이 벌

수 있을 것 같은 유튜버, 프로게이머, 연예인 등의 직업군이 더 높은 비율을 차지하는 것을 쉽게 알 수 있다. 이는 부모 세대의 관점으로 봤을 때 성공 또는 부와는 상관없어 보일 수 있다. 하지만 여기에 숨은 의미 중 하나는 요즘 아이들에게는 파이어족, 즉 30대 후반이나 40대 초반에 조기 은퇴하겠다는 목표가 어릴 때부터 있다는 것이다. 아이들이 이러한 목표를 가지는 이유를 헤아리지 못한 채 과연 공부를 통해서만 부를 축적할 수 있다는 부모들의 공식이 정답처럼 들릴 수 있을까?

부모 세대의 성공 공식으로 아이를 이끌지 말자

자녀가 유튜버를 꿈꾼다고 하면 부모 중 열에 아홉은 기겁을 한다. 첫 번째는 인터넷과는 거리가 먼 많은 부모들이 유튜버가 어떤 일을 하는지 정확하게 알지 못하기 때문이다. 또 두 번째는 스마트폰이나 컴퓨터는 공부를 방해하는 훼방꾼이나 중독에 빠질 수 있는 위험물이라고만 생각하여, 이유 불문하고 자동으로 알레르기 반응을 보이는 것이다.

그러니 아이들은 자신들이 어렵게 찾은 꿈을 부모님에게 자신있게 꺼내지도 못하고, 꿈을 부끄러워하거나 미안해해야 하는 상황에 맞닥뜨린다. 그렇게 혼돈을 경험하다가 그럼에도 부모가 꿈이 뭐냐고 거듭 물으면 제대로 대답도 하지 못한 채 무기력해질 수밖에 없는 것이다.

요즘은 많은 직업이 새로 생겨나고, 또 많은 직업이 없어지고 있다. 이 말은 현재 부모가 몸담고 있고, 이제까지 천직으로 알고 몸담아왔던 직업 중 많은 것들이, 아이들이 커서 직업을 구할 때쯤, 다시 말해 10년 뒤에는 사라져버릴지도 모른다는 것이다. 그런데도 부모들은 왜 늘 같은 방식으로 아이들의 성공을 바랄까?

특히 4차 산업혁명 시대가 오면서 단순하고 반복적인 많은 일들을 AI가 대신하면서 일자리가 축소 내지는 폐지되는 경우가 생기고 있고, 앞으로 없어질 것으로 예상되는 직업 중에는 의사도 있고, 선생님도 있다. 뿐만 아니라 이제는 모든 외국어가 이어폰만으로도 동시통역이 되어 전달되고 있어, 언어의 장벽도 멀지 않아 무너질 것으로 보인다.

꿈을 꿈이라 말하지 못하는 아이

현중이는 프로게이머가 꿈이다. 초등학교 때부터 게임을 시작했고 중학생이 되면서는 웬만한 대회에서 상을 받기도 했다. 일찌감치 공부를 포기하고 프로게이머가 되기 위한 준비를 마쳤고, 부모 역시 현중이의 뜻을 받아들여 게임 전용 컴퓨터까지 사주었지만, 사실 마음까지 편한 건 아니었다. 솔직히 한창 게임을 좋아할 나이이고, 게임에서 이기려고 하는 현중이의 노력과 끈기 때문에 허락하긴 했지만, 그러다 질리면 다시 공부로 돌아가겠지 하는 기대가 있었던 것이다. 부모는 시간이 지날수록 초조해졌고, 점점 더 게임에 몰입하는 현중이가 마냥 예뻐 보이지 않았다. 결국에는 현중이가 조금만 늦게 일어나도 "또 게임 했어? 좀 줄이라고 했지!"라고 야단치게 됐고, 아무리 먹어도 살이 찌지 않는 것도 체질보다는 게임 탓이었고, 또래보다 키가 작은 것도 게임 탓으로 돌렸다.

현중이는 자신의 꿈을 지지해주는 것 같았는데 실제로는 자신을 게임중독자처럼 취급하는 부모님 때문에 여간 불편한 게 아니었다. 그래서 신경을 쓰다 보니 중요한 경기에서 실수를 하기도 하고, 연습을 하느라 더 오랜 시간 게임을 하면서 밥 때를 놓치거나, 먹더라도 허겁지겁 먹게 되는 일도 잦아졌다. 게다가 아무리 현중이 본인이 재밌어하고, 하고 싶어서 하는 게임이라 해도 하다 보면 스트레스가 전혀 없는 건 아닌데, 조금만 힘든 기색을 보이면 부모님은 당장 그만두라고 말하니 좀처럼 힘들다는 표현을 할 수 없었고, 그것이 현중이를 외롭게 만들었다. 그래서 어느 날은 부모님의 간섭이 아니더라도 본인 스스로도 '그만둘까?'라는 생각을 하기도 했다. 하지만 이제 와서 공부를 다시 시작할 자신도 없고, 게임 덕분에 사귄 친구들을 버리고 새로운 친구를 사귈 자신도 없었다. 무엇보다 게임만큼 재미있고, 게임만큼 자신을 괜찮은 사람, 능력 있는 사람으로 만들어줄 무언가가 있을 것 같지 않았다.

성공의 기준과 방법이 변했다

성공의 기준과 성공을 위한 방법이 많이 다양해졌고, 부모 세대가 아는 성공의 방식과 종착역은 점점 작아지고 멀어지고 있는데도 여전히 부모들은 예전과 같은 방식으로 아이들을 가르치고 있다.

"좋은 대학을 가서 대기업에 취직해라."

"공무원이 되어서 안정적인 길을 가라."

"의사나 변호사가 되어서 돈을 많이 벌어라."

그런 부모들에게는 AI와 4차 혁명은 여전히 먼 나라 남의 이야기일 뿐이겠지만, 환경의 변화를 인정하지 않으면서 예전과 같은 성공만을 좇게 한다면 10년 뒤, 20년 뒤에 성인이 된 우리 아이들에게는 직장과 직업, 사회인으로서의 자리는 어디에도 없을 것이다. 특히 코로나19는 산업의 발달을 10년이나 앞당겼고, 지난 2년 동안 직업 세계와 세상은 너무나 큰 변화를 겪으면서 많은 이들을 당황과 혼란 속에 빠트렸다.

어제와 똑같이 살면서 다른 미래를 기대하는 것은 정신병 초기 증상이다.

– 알베르트 아인슈타인

부모는 시대가 바뀐 것을 자식보다 먼저 알아야 하고, 바뀐 시대를 어떻게 살아가야 하는지도 먼저 알아야 한다. 이제는 직업의 기준, 진로의 기준, 삶의 가치도 달라지고 있다. 어느 한 사람의 이야기가 아니다. 부모는 부모가 되는 동시에 자녀를 잘 키워야 하는 숙제를 안게 되고, 잘 키워야 한다는 의무감으로 무장하고 싸울 준비를 하지만, 싸워서 이겨야 할 대상은 자녀가 아니다. 그러나 많은 부모들이 이를 알지 못한다. 진로와 직업을 두고 아이들과 싸우거나 아이들이 부모 뜻에 따라 선택한 진로를 전리품처럼 뽐내려 한다. 그러나 이제는 꿈을 이루는 방법이 달라졌고, 부를 축적하는 방식도 달라졌으며, 그만큼 직업의 선택 기준도 달라졌다는 것을 부모들이 먼저 알고 인정해야 한다.

좋아하는 것. 선호하는 것. 사람들은 그것을 '성향'이라고도 부르고, 성격이라고도 부른다. 미국의 심리학자인 홀랜드(John Holland)는 1959년 직업흥미검사를 개발하면서 사람과 환경은 여섯 가지 유형으로 구분된다고 했다. 그에 따르면 사람은 자신의 유형과 맞는 직업을 선택했을 때 효과성과 효율성이 커진다고 말했다. 그리고 직업을 선택하는 과정은 첫 번째가 자기이해, 두 번째가 직업(진로)에 대한 이해, 세 번째가 나와 직업을 매칭하는 것이라고 했다. 직업에 대한 이해가 있어도 나에 대한 이해가 없이 그저 일반적으로 좋다는 직업을 선택한다면 효과성과 효율성은 떨어지고, 결국 번아웃 상태가 되는 것이다.

그렇다면 성향은 어떻게 탐색하고 찾아야 할까? 성향은 여러 환경에서 나에게 편안함을 주는 정보를 반복 선택함으로써 만들어지는 나의 고유성과 독특성이다. 잘하는 사람은 노력하는 사람을 이길 수 없고, 노력하는 사람은 즐기는 사람을 이길 수 없다. 자신의 성향에 맞고, 재미를 느껴 즐겁게 할 수 있는 일을 해야 진정으로 행복할 수 있을 것이다.

그렇다면 자녀들이 자신이 좋아하는 환경에서 좋아하는 일을 하면서 가치를 실현할 수 있도록 하려면, 부모는 어떤 역할을 해야 할까? 바로 자녀들에게 물어봐주어야 한다. 그래야 내 아이가 편안함을 느끼는 환경과 사람들 사이에서 좋아하는 일을 하면서 인생의 재미를 경험할 수 있다. 이제는 아이들에게 다가가 직접 물어봐야 한다. “넌 뭘 좋아하니?” 그리고 “즐겁니? 행복하니?”라고.

세상의 기준, 어른들이 만들어놓은 방식이 아닌 내 아이만의 방식을 찾아 그 아이가 진심으로 행복할 수 있도록 박수치고 격려하며 기다려주는 역할, 그것이 10년 뒤를 준비하는 부모가 가져야 할 마음 자세이다.

문제 안에
아이를 가두지 마라

다 가진 부모, 다 갖지 못한 아이

긴급한 상담 의뢰가 들어왔다. 아이가 어릴 때 유튜브로 무서운 장면을 봤는데, 몇 년이 지난 지금까지 그때 본 영상 때문에 밤에 잠도 못 자고, 학교에서도 무서운 생각과 장면이 머릿속에서 떠나지 않아 공부에 집중도 못하고 힘들어한다는 고민이었다. 심지어 길을 걷거나 밥을 먹다가도 갑자기 눈물을 흘리고, 친구들도 안 만나려고 하는데 어떻게 해야 할지 모르겠다고 했다. 엄마의 진술만 들어보면 '외상 후 스트레스 장애(PTSD)'가 의심되는 상황이었다.

6학년 지유는 잔뜩 겁에 질린 얼굴로 상담실로 찾아왔다. 특이한 점은 아이의 상담을 위해 할머니, 할아버지, 엄마, 아빠까지 가족 모두가 시간을 내서 일부러 상담실에 온 것이었다.

귀하지 않은 아이가 어디 있을까마는 딱 봐도 아이는 집안에서 귀한 대접을 받고 있었고, 경제적 환경도 풍요롭다는 것을 알 수 있었다. 한마디로 하나도 부러울 것 없는 집안에서 정서적으로, 경제적으로 풍족하게 자란 아이가 아프다고 하니, 집안이 발칵 뒤집어지는 문제가 된 것이다.

"어떤 게 불편하니?" 상담실 안을 요리조리 살피던 아이와 눈이 마주쳤다. 아이는 엄마의 진술과 다를 바 없는 이야기를 했다. "어릴 때 무서운 장면을 봤는데, 자꾸 그 장면이 생각나고, 잠잘 때도 무서워서 못 자고요…."

그림 검사를 해보니 필압도 약했고, 선도 스케치하듯 이어져 있어서 우울이 의심될 정도로 위축되고 위태로워 보였다. 그림을 다 그린 뒤에는 정신병리와 개인의 고통 정도를 알아볼 수 있는 그림 검사도 추가로 실시했다. 우울과 관련하여 보이는 약한 반응 외에 병리적인 반응은 별로 없어서 그 점이 또 특이했다.

아이에게 짐 지워진 가족의 가치관

아이가 스스로 말하지 못하는 어린 시절과 가족 구도, 가족 가치관을 부모에게 들어야 할 것 같아 이번에는 부모를 상담실로 초대했다. 짐작한 대로 지유의 부모님은 집안끼리 만나 조금도 기울지 않은 결혼을 했고 사회적, 경제적으로도 남부럽지 않은 생활을 하고 있었다. 지유의 조부모님들도 하나뿐인 손녀를 위해 못 할 일이 없었다.

지유가 태어났을 때는 가장 안전한 차를 사주었고, 지유가 걷기 시작할 때는 1층 아파트를 사주었고, 학교에 들어갔을 때는 혹시 라도 학교에 다니기 힘들까 봐 학교 근처의 전원주택을 사주었다 고 한다. 삶의 기준이 지유가 되어버린 지금은, 지유가 힘들어하는 모습을 도저히 볼 수 없어 상담센터를 통째로 사서라도 빨리 지유를 낫게 해주고 싶은 마음이라고 하셨다. 또 더 이상의 욕심을 부릴 이유도 가질 이유도 없지만, 그럼에도 지유가 누구보다 다방면으로 잘 해주기를 기대하는 마음도 컸다. 그러니 아이에게 들어가는 돈이 하나도 아깝지 않았다.

그런데 지유는 6학년이 되면서 친구 문제로 크게 힘들어했고, 당시에 부모들까지 나서서 겨우 해결했는데, 이젠 부모님조차 해결해줄 수 없는 문제가 다시 생긴 것이다.

나는 루저예요

지유는 어릴 때부터 자신이 친구들과는 조금 다른 세상을 살고 있다는 것을 알았다. 가족 모두가 자신만 바라봤고, 자신이 원하는 것은 모두 가질 수 있었다. 마치 공주처럼 자란 지유는 친구들과 놀 때도 친구들에게 하녀 역할을 시키면서 놀기도 했다. 하지만 한 해 두 해 학년이 높아지면서, 자신은 공주가 아니라 오히려 엄마 아빠의 꼭두각시이거나 친구들보다 부족한 루저인 것 같다는 생각이 들기 시작했다.

지유는 학교가 끝나면 항상 그룹 과외에 가야 했고, 과외 수업이 지유의 일주일 스케줄을 꽉꽉 채우고 있었다. 6학년이 된 뒤로는 일요일에도 과외를 받는다고 했다. 상담을 하면서도 지유는 계속, 원래 이 시간이면 과외에 가야 한다고 말했다. 지금 다른 아이들은 공부를 하고 있다며…. 같은 그룹에는 지유와 비슷한 상황의 아이들이 세 명 더 있다고 한다. 지유가 볼 때 그 친구들은 얼굴도 예쁘고, 키도 크고 머리도 좋고, 성격도 굉장히 좋아서 친구가 많다고 설명했다. 자신은 겨우 하는 과제를 친구들은 별 어려움 없이 해내는 것 같았고, 자신은 무슨 말을 할 때 친구들 눈치가 보이는 반면 다른 아이들은 자신의 생각을 야무지게 얘기하는 것처럼 보였다.

얼마 전에는 친구들과 크게 문제가 생긴 일이 있었다. 어릴 때부터 같은 동네에서 자란 예지는 지유가 가장 편하게 생각하는 친구였다. 과외가 끝나고 다 같이 어릴 때 이야기를 하게 되었는데, 지유가 농담처럼 "나 2학년 때까지는 공주였는데"라고 말했다. 그러자 그룹 내에서 가장 똑똑하고 잘나가는 예지가 "그때 지유 네가 나 하녀 취급했잖아?"라고 말하는 바람에 다른 친구들로부터 왕따를 당하게 된 것이다.

힘들다고 말하지 못하는 아이

친구에게 하녀 역할을 시킨 건 잘못이지만, 그냥 어린 시절 얘기를 한 것뿐이라고 생각한 지유는 한동안 자신을 없는 사람 취급하면서 귓속말을 하는 친구들 때문에 힘든 나날을 보내야 했다.

하지만 엄마에게 그런 말을 할 수는 없었다. 엄마에게 말하면 엄마가 친구들의 엄마에게 전부 얘기할 테고, 그럼 자신은 고자질쟁이라는 말을 들으며 더 왕따를 당하게 될 게 뻔했다. 하지만 참기 힘든 날이 더 많아지면서 결국 지유는 엄마에게 도움을 요청했고, 부모님들의 권유로 서로 사과하면서 그 일은 마무리되었다.

하지만 한번 불편해진 사이는 쉽게 회복되지 않았고, 친구들에게 말 걸기도 무섭고 과외에 가는 시간도 싫어지면서, 그 무렵부터 지유에게 갑자기 무서운 장면이 떠오르기 시작했던 것이다. 예전에 처음 그 장면을 봤을 때는, 조금 무섭기는 했지만 4학년 때 친구들이랑 같이 봤던 무서운 책에서 봤던 내용보다는 덜 무서웠다. 그런데 차를 타면 사고 나는 장면이 떠오르고, 길을 걸을 때도 사람이 넘어져서 얼굴이 깨지고, 누군가 갑자기 칼을 들이댈 것 같고, 달리던 차가 자신을 덮쳐서 다리가 부러질 것 같다는 생각이 들기도 했다. 또 부엌의 냉장고가 갑자기 넘어져서 엄마가 깔리지 않을까 하는 등의 상상이 끊임없이 떠올랐다.

엄마가 무서운 생각을 하지 말라고 해서, 그런 생각이 날 때마다 지유는 귀를 막고 고개를 흔들며 생각을 털어내려고 했지만 그럴수록 더 많은 생각이 떠올랐다. 또 그런 생각이 떠오르면 아빠한테 문자를 보내라고 해서 하루에 수십 통씩 아빠에게 문자를 보내기도 했지만, 상상은 멈추지 않았고 더 잔인하고 끔찍한 생각만 커져갔다.

아이의 문제는 뭐였을까?

아이들은 문제해결력이 떨어진다. 살아온 인생만큼의 경험만으로 지금 발생한 문제를 해결하려고 하니 당연히 미숙하고 어설플 수밖에 없다. 그런 아이들에게 실수는 인생을 배울 수 있는 가장 좋은 기회가 되지만, 세상 부러울 게 없는 지유 부모는 지유가 실수할 기회를 주지 않았다. 실수를 하지 않도록 지유 앞에 있는 모든 장애물을 치워주고 막아주는 것이 지유를 사랑하는 방법이라고 생각했다. 그래서 지유가 실수를 하면 경제력으로 대신 해결하면서 흠 없는 아이, 완벽한 아이로 키우려 했다.

아이의 자존감에 도움이 됐을까? 전혀 아니다. 지유는 친구들과 같이 과외를 받으면서 자신이 얼마나 많은 것을 가졌는지보다는 자신이 친구들보다 무엇이 부족한지를 매일매일 확인해야 했다. 하지만 자신이 부족하다는 것을 인정하기는 죽기보다 싫었다. 사람은 완벽할 수 없다는 것을 누구도 알려주지 않았기 때문이다. 게다가 흠 하나 없이 완벽하기를 기대하는 부모님을 실망시키고 싶지 않았다. 지유는 공부가 싫었고, 아빠가 말하는 의사도 되기 싫었다. 그냥 놀고 싶었지만, 부모님은 지유가 스스로 목소리를 낼 수 있는 연습을 시켜주지 않았기에 지유의 불안과 두려움은 커져만 갔던 것이다.

실수한 적이 없는 사람은 결코 새로운 일을 시도해보지 못한 사람이다.

– 알베르트 아인슈타인

문제 이면의 진짜 이유를 찾아라

다시 지유를 만났을 때 지유는 많이 지쳐 있었다. 무서운 생각이 들 때마다 수학 문제를 더 많이 풀고, 영어단어를 외우면서 자신을 혹사시켰던 것이다. 지유의 힘듦을 아는지 모르는지, 부모님은 지유를 상담실에 들여보내면서도 상담 때문에 과외에 가지 못할까 봐 상담이 끝나는 시간을 두 번 세 번 확인했다.

상담 시간 동안 나는 지유와 별 이야기 없이 한 시간 내내 보드게임을 했다. 지유는 태어나서 한 시간 동안이나 놀아본 적은 처음인 것 같다고 말했다. 상담 시간이 끝날 무렵 지유에게 무서운 생각이 났느냐고 물었더니, 보드게임을 하는 동안에는 무서운 생각이 나지 않았다고 대답했다. 그리고 자신도 무서운 생각이 나지 않아서 조금 이상하다고 했다.

부모는 지유가 학업에서 성과를 내고, 장차 집안을 빛내야 하는 존재가 되어야 한다고 생각해 수많은 것들을 제공하며 뒷바라지했지만, 정작 아이가 원하는 것은 물어보지 않았다. 부모의 기대감에 눌려 숨이 막힌 지유는 본능적으로 살아내기 위한 방법을 찾아야 했고, 스스로 '무서움'이라는 문제를 만들어낸 것이다.

아이에게 문제가 생기면, 그 문제 이면에 어떤 것이 원인이 되어 아이를 힘들게 했는지 알아보려는 노력이 필요하다. 부모는 아이가 호소하는 단어에만 집중한 채 동동거리게 되지만, 드러난 문제 자체에만 초점을 두면 제대로 해결하기 힘들고, 어느새 아이 스스로가 문제가 되어버리는 모습을 보게 되기도 한다.

이 경우 지유는 무서움이라는 기억을 끄집어 왔고, 그 기억에 의존하게 된 것은 결국 부모의 압박이었던 것이다. 지유에게 "왜 그랬어?"라고 추궁하거나 "별것 아니네"라고 문제를 축소할 것이 아니라, 그렇게 문제를 만들어서라도 살아내고자 하는 아이의 처절하고도 간절한 무의식적 역동을 이해하고 보듬어주는 것이 필요하다.

나는 지유 부모님에게 지유를 있는 그대로 봐주고, 아이를 좀 방임하라고 전했다. 지유같이 24시간 꽉 짜인 스케줄을 지키며 관리를 받는 아이들은 오히려 내면의 힘이 약해진다. 아이를 온전히 사랑하려면 아이를 있는 그대로의 모습을 보는 일부터 시작해야 한다. 지유 부모님도, 조부모님도 지금 당장 지유에게 해주어야 할 것은 아이의 숨통을 틔워주는 격려와 애정의 말이다.

"그 정도면 충분해! 네가 만족하면 충분해! 노력하는 것만으로도 충분히 애썼어!"라고 말이다.

진로 교육보다 훨씬 중요한 건 경제 교육

경제 교육은 습관이다

태호 엄마는 태호가 3학년이 되자, 2학년 때까지 매일 천 원씩 주던 용돈을 올려, 일주일에 만 원씩 주기로 결정했다. 그리고 아이가 돈을 얼마나 효율적으로 잘 쓰는지 알아보기 위해 수요일이 되면 돈을 어디에 썼는지, 얼마 남았는지 확인했다. 태호는 그 나이답게 장난감도 사고, 학교 앞 가게에서 불량식품도 사 먹고, 가끔은 당장 필요하지 않은 것도 사곤 했다. 하지만 태호가 그렇게 자기 마음대로 돈을 써버리자, 매주 수요일은 엄마가 화내는 날이 되고 말았다.

엄마의 눈에 비친 태호의 소비 형태는 '계획 없이 돈을 쓰고, 필요 없는 것들을 사고, 나이에 맞지 않는 장난감은 물론 문방구에 들어가면 뭐든 한 가지는 사서 나와야 직성이 풀리고, 가끔은 무언가를 사놓고 혼이 날까 봐 거짓말까지 한다'는 것이었다.

아직 아이니까 그런가 보다 하고 이해하려 해도, 주변 또래 아이들과 별반 다르지 않은 모습이 여간 실망스럽지 않았다. 경제 교육은 습관이 중요하고, 어릴 때부터 잘 잡아줘야 한다는 이야기를 익히 들어서 아이가 자율적으로 배울 수 있도록 크게 결심하고 용돈을 주기 시작했는데, 이 정도로 돈에 대한 개념. 소비에 대한 개념이 없을 줄은 몰랐다는 것이다.

경제 교육은 언제부터?

어린 시절, 명절 때 받은 용돈을 이유도 명분도 없이 부모님에게 빼앗겨본 기억이 누구에게나 있을 것이다. 물론 지금도 많은 부모들이 아이들은 돈에 대해 개념이 없고, 쓸데없는 일에 써버린다는 이유로 친척들로부터 받은 용돈을 빼앗는다.

그렇게 빼앗긴(?) 용돈은 적게는 몇만 원에서 많게는 몇백만 원에 이르기도 하는데, 시간이 지나도 처음 용돈을 가져갈 때 약속했던 대로 아이들에게 돌려주는 부모는 많지 않은 것 같다. 모아서 입학할 때 사준다던 가방도, 장난감도, 꼬박꼬박 모아서 목돈을 만들어주겠다던 통장도 제대로 받은 아이들이 얼마나 될지 모르겠다.

"급할 때 썼죠. 어차피 힘들 때는 가족이 모두 힘을 합해야 되잖아요. 그게 가족 아닌가요?"

이런 부모의 말을 아이들은 얼마나 이해할까? 아니, 최소한 집을 장만하는 데 보태기 위해서, 급하게 병원비가 필요해서 아니면 다른 이유로라도 돈이 필요해서 어쩔 수 없이 써야 했다고, 아이들에게 허락까지 받지는 못했더라도 제대로 설명해준 부모는 얼마나 될까?

실제로 아이들이 너무 어려서 돈의 가치를 전혀 알지도 못하거나, 심지어는 그게 돈인지 그저 종이조각인지 구분하지 못하는 나이라면 노파심에 부모가 가져가 관리해줄 수 있다. 그런데 아이들이 아르바이트해서 번 수입까지 나중에 모아서 주겠다며 가져간 부모라면, 아이가 어리고 미숙하고 돈을 쓸 줄 몰라서 가져갔다고 변명할 수 있을까? 때로는 아이가 자신이 원하는 것을 사기 위해 계획을 세워 며칠 또는 몇 달을 힘들게 일해서 번 돈을 말도 안 되는 이유로 가져가는 부모도 있고, 돈을 빼앗긴 아이들이 서운한 기색을 보이거나 항의했을 때 "네가 벌었다고 네가 다 쓰니? 그럼 지금까지 부모가 해준 것들은 다 어쩌고? 땅 파서 너희를 먹이고 입힌 줄 아니?"라는 등의 말로 아이 입을 막는 부모도 있다. 그렇게 때때마다 다른 잣대를 가지고 자신의 필요에 의해 아이를 재단하고 평가하거나, 일관성 없는 행동을 보이는 부모일수록 아이를 혼란스럽게 만드는 경우가 흔하다.

고양이에게 생선 가게 맡기기

고양이에게 생선가게를 맡겨놓고 생선이 무사하기를 기대하면 안 된다는 건 아이들도 아는 사실이다. 그럼에도 가끔은 고양이한테 생선가게를 맡기고 고양이가 생선을 먹기를 기다리는 사람도 있다. 고양이가 생선을 먹는 순간, 고양이를 혼내기 위해서이다. 그래야만 버릇이 고쳐진다는 섣부른 생각 때문이다. 태호에게 갑자기 생긴 만 원은 어떤 유혹보다 달콤하고 흥미진진한 도구일 수밖에 없다. 그런데 태호의 욕구나 의견은 고려하지 않은 채, 달라고 요구한 적도 없는 재미난 도구를 쥐어주고는 가지고 놀면 안 된다고 한다면, 아직 어린 아이들이 그것을 지킬 수 있을까?

호아킴 데 포사다(Joachim de Posada)와 엘런 싱어(Ellen Singer)의 베스트셀러인 《마시멜로 이야기》(한국경제신문사, 2009)에 나오는 '만족 지연'이 높은 아이일수록 인내심이 높고 사회적으로 성공한다는 실험 결과는 부모들의 호기심과 자녀 양육에 대한 불안을 자극하기에 충분했다.

이후 아이들에게 만족 지연에 대한 연습을 시키는 부모도 많아졌다. 아이의 경제 관념과 만족 지연을 확인해보기 위해 집집마다 사탕이나 아이가 좋아하는 간식을 앞에 두고 아이를 시험에 들게 했고, 아이들은 졸지에 피실험자가 되어 인내심을 보여줘야 했다. 부모의 바램대로 만족을 지연시킬 수 있었다면 다행이지만, 그렇지 않은 아이들은 부모가 짜놓은 각본 안에서 역할에 충실하지 못한 배우가 되어 부모들의 실망 어린 꾸중을 받기도 했다. 원하는 결과를 얻지 못한 부모는 아이의 용돈, 게임 시간 등을 조정하며 다른 것들로 아이에게 처벌 아닌 처벌을 가하기도 했다.

만족 지연이나 경제 관념은 나이를 먹는다고 해서 바로 생기지 않는다. 부모들도 그런 사실을 알고 있다. 그동안 그날 받은 용돈을 그날 다 쓰면서 지내온 태호에게, 어느 날부터 엄마가 주는 용돈 만 원은 계획적으로 써야 할 대상이 아니라 당연히 써도 되는 것으로 여겨지기가 더 쉽다.

학년이 높아지고 용돈을 줬으니 당연히 개념이 생기고, 계획성이 생기고, 씀씀이를 잘 관리할 수 있게 될 거라는 것은 엄마의 기대였을 뿐이다. 아이가 경제 관념이라는 우물을 파게 하려면 우물을 어디에 파야 하는지, 얼마나 파야 하는지, 우물을 파면 어떤 점이 좋은지에 대해 충분히 알려줬어야 한다. 그러한 설명도 없이 삽한 자루를 던져주며 우물을 파라고 했으니, 아이가 부모의 마음에 들 만큼 행동하지 못하는 것은 너무나 당연한 결과이다.

정당한 보상, 정당한 처벌

그뿐이 아니다. 태호 엄마는 문제와는 상관없는 방법으로 아이를 혼내곤 했는데, 아이가 숙제를 조금 늦게 했다는 이유로 힘들게 모아둔 2,400원을 강제로 빼앗아버리거나, 아이와 별다른 의논 없이 갑자기 용돈을 생략한 적도 있었다. 태호는 지금도 돈을 빼앗겼던 그 일을 생생히 기억하고 있었다. 그 돈을 모으기 위해 나름 먹고 싶은 것도 참고, 장난감 사는 것도 참았는데, 말도 안 되는 이유로 엄마가 가져가버렸기 때문이다. 그 이후부터 태호는 엄마가 또 언제 어떤 이유로 돈을 가져갈지 모르기 때문에 생기는 대로 다 써버리는 게 더 낫겠다고 생각하게 되었다. 그래서 자신이 무엇 때문에 상담을 받고 있는지도 모른 채, 엄마가 가져간 2,400원을 되찾아달라고 호소하기도 했다.

한 단계, 한 단계 계단을 올라가듯

그렇다면 경제 교육은 언제, 어떻게 시작해야 할까? 하루 천 원을 받던 아이에게 갑자기 만 원을 주는 것은 경제 교육에 도움이 되지 않는다. 천 원을 마음껏 쓰던 아이에게 이제부터는 천 원 중 일부는 마음껏 쓰게 하고 일부는 저금을 하거나 계획을 세워서 쓰게 하고, 그 계획이 잘 실행됐을 때는 보상을 주어 성취감을 높인 다음, 조금씩 금액을 늘려가면서 계획을 세분화시켜 경제 관념을 갖게 하는 것이 중요하다.

어떤 행동을 습관화하기 위해서는 처음에는 고정적인 강화물이 필요하고, 유지하기 위해서는 간헐적인 강화가 필요하다. 즉, 초반에는 아이가 약속된 행동을 했을 때 반드시 칭찬이나 다른 보상을 주어야 하며, 계획이 지속적으로 잘 지켜졌을 때는 아이가 보이는 뜻밖의 계획이나 결과물에 대해 보상을 해주는 것을 통해 돈을 잘 쓰는 습관이 자리 잡을 수 있다.

또 돈을 벌기 위해서는 신체적, 정신적 노동이 필요하다는 것을 알려주기 위해 집안일을 분담하고, 특정 영역에 대해서는 보상을 주는 방법도 좋다. 그렇게 되려면 먼저 직업과 진로, 일에 대한 개념을 부모가 먼저 잘 확립하고 있어야 한다.

예를 들어 설악산이 '진로'를 상징한다면 정상으로 올라가는 길은 여러 가지가 있으며, 그 각각의 등산로는 직업이 된다. 그리고 그 등산로에서 만나거나 보게 되는 자연경관은 일이 되는 것이다. 또 직업이란 반드시 신체적, 정신적 노동을 통한 물질적인 보상이라는 개념도 중요하다. 도박으로 막대한 수입을 올렸다고 해서 그것이 직업이 될 수는 없기 때문이다.

나의 인생 그래프는 어떨까?

100세 시대를 살아가는 지금, 평생 얼마의 돈을 벌고 얼마의 돈을 써야 하는지 알고 있는 사람은 별로 없다. 그래서 생기는 대로 써버리거나, 가끔은 아직 생기지 않은 돈에 대해서까지 지출 계획을 짜고 빚을 내거나 당겨서 미리 소비하는 경우도 있다. 나는 아이들과 상담할 때 인생 그래프를 활용해서 경제 교육 및 진로 교육을 진행하는데, 이런 방식은 의외로 아이들에게 매우 효과가 좋다.

세상에 태어난 아이가 기본 교육을 마치고 사회에 첫발을 내디뎌 취직하는 나이는 대략 28~32세 정도이다. 사회에 첫발을 내디딜 때 대부분의 아이들은 (대학을 간 아이들이라면) 학자금 대출을 포함해 3천만 원 정도의 빚을 안고 시작하게 된다고 한다. 반면 부모 입장에서는 아이가 성인이 될 때까지 양육하는 데 드는 평균 비용이 2억 원 정도라고 한다.

그런가 하면 28~34세의 결혼 적령기 남녀가 결혼하는 데 비용은 평균 1억 5천만 원이라고 하는데, 그 돈을 전부 자력으로 마련해서 시작하는 사람은 극히 드물다. 그러니 결혼하면서 떠안게 되는 빚까지 계산하면, 학자금 대출을 포함해 많은 젊은이들이 어림잡아 2억 원 정도의 빚을 안고 시작한다고 보아도 무방할 것이다.

우리나라 대졸자 신입사원의 평균 임금은 월 200만 원 정도이니 그 돈을 한 푼도 쓰지 않고 모은다고 해도 이미 생긴 빚을 갚는 데만도 9년 정도의 시간이 필요하다는 계산이 나오는 셈이다. 퇴직 연령을 62세로 잡으면(지금은 이 연령이 무의미해진 지 오래지만) 30년 정도 직장생활을 할 수 있는데, 그 돈으로 아이들을 키우고, 집 장만도 하고, 여행도 다니고, 먹으면서 살아야 한다. 그리고 퇴직 이후 남은 40년을 더 살아야 하는 것이 100세 시대의 현실이다.

그래서 요즘은 부모에게 의지하지 않는 자식, 자식에게 손 벌리지 않는 부모가 최고의 가족이라고 하는데, 과연 서로에게 짐이 되지 않는 삶을 살기 위해 어떻게 해야 할지 누가 알고 있을까? 내가 알기로는 그 누구도 모른다.

누구나 하지만 아무나 하지 않는 일

같은 시간 일을 하면서도 돈을 버는 수준이 다르고, 같은 돈을 가지고 투자해도 사람마다 이익을 남기는 수준이 다르다. 그러므로 부모가 아이들에게 가르쳐야 할 것은 바로 이것, 누구나 하지만 아무나 하지 않는 일과 투자 그리고 교육이다.

'어련히 알아서 하겠지, 내가 하던 대로 하면 되겠지, 설마 굶기야 하겠나' 하는 마음으로 아이들을 바라본다면, 아이는 커서 그저 겨우 연명하는 삶에 만족하며 살아야 할지도 모른다. 그렇게 되지 않도록 돕기 위해서는 지금부터라도 부모가 살아 있는 계산기, 통장, 투자처가 되어야 한다. 그래서 내 아이들이 돈의 노예가 되지 않고, 마음의 통장에 여유를 저축할 수 있도록 알려줘야 할 것이다.

저마다의 코끼리를 찾을 수 있도록

호소하는 부모 앞에서 머리를 파묻고 엎어진 아이

자녀가 고등학생쯤 되면 부모들의 걱정도 더욱 커진다. 아이가 도대체 잘하는 것도 없고, 관심 있는 것도 없는 것 같다. 그래도 대학은 보내야 할 텐데, 정작 아이는 대학에 관심도 없고 엄마나 아빠가 가라는 곳에, 성적 되는 대로 가면 되지 않겠냐고 남 이야기하듯 한다. 어떤 아이는 아무것도 하고 싶지 않다며 반항하기도 한다. 초등학교 때만 해도 하루 해가 짧을 만큼 뛰어다니며 이것저것 호기심 많고 활발하던 아이가 어느새, 왜 저렇게 변해버렸는지 부모로서는 알 길이 없다. 그러다 답답한 마음에 지푸라기라도 잡는 심정으로 자녀를 끌다시피 상담실 안으로 밀어 넣기도 한다.

고등학교 2학년에 올라가는 B군의 엄마도 그랬다. 하지만 부모의 답답함과는 달리 B군은 아무런 표현도 하지 않은 채 멍하니 시계만 쳐다보고 있었다. 그럴수록 부모의 호소와 목표는 더욱더 분명해진다. 어떤 것이라도 좋으니 내 아이가 좋아하는 분야를 찾고, 진로를 정하는 것. 그리고 그것을 부모가 아닌 상담사가 대신해주었으면 하는 것이다. 누군가의 힘을 빌려서라도 아이를 설득하고야 말겠다는 부모의 결의에 B군은 아예 책상에 머리를 파묻고 엎드려버렸다. 이 아이에게는 대체 무슨 일이 있었던 걸까?

아이가 즐기는 것이 우선이었던 민이 엄마

올해 스물한 살이 된 민이는 재수 끝에 원하는 대학에 들어갔다. 앞으로 갚아나가야 할 학자금에 대한 부담이 없는 건 아니지만, 자신이 배우고 싶은 분야를 공부할 수 있다는 생각에 기뻤고, 벌써부터 설레었다. 주변 친구들과 선생님도 비록 재수는 했지만 민이가 가고 싶은 학교에 들어가 하고 싶은 공부를 할 것이라는 사실은 누구도 의심하지 않았다.

민이는 어릴 때부터 자신이 하고 싶은 것은 거의 모두 하면서 자랐다. 가정형편이 넉넉한 것도 아니었고, 민이도 자신의 욕심만을 위해 가족의 희생을 강요하지도 않았으며, 민이 부모님 역시 공부를 포함해 일체의 잔소리와 간섭을 하지 않았는데도 말이다. 민이의 아빠는 작은 가게를 운영했지만 매달 생활비 정도 버는 게 전부였고, 엄마는 고정적인 일 없이 누군가 불러줄 때만 나가서 이런 저런 일을 하곤 했기에, 딱히 수입이라고 할 만큼의 벌이는 없다고 해야 할 정도였다. 그럼에도 민이가 하고 싶은 것을 다 할 수 있었던 이유는 민이의 열정과 관심, 호기심에 대해 부모님이 무한한 신뢰를 보내주었기 때문이다.

민이가 무언가 하고 싶다고 말하면, 민이 엄마는 "재밌을 것 같아?"라며 딱 하나만 물어봤다. 그리고 재밌을 것 같다고 대답하면 발레, 미술, 태권도, 검도, 댄스, 기타, 플루트, 영어, 수학 등 어떤 것이든 일단 경험할 수 있도록 기회를 주었다. 그리고 민이가 그만 배우고 싶다고 할 때도 "이제 재미없어?"라고만 물었다. 물론 민이의 호기심은 이런 일상적인 것에만 그치지 않았다. 애니메이션과 웹툰, 일본어, 코스프레까지 영역을 가리지 않고 이것저것 호기심을 가졌다. 그렇게 이런저런 것들을 배우고 그만두는 데 있어 갈등이나 큰 고민 없이 쉽게 선택하는 민이를 보면서 친구들은 의아해했고, 민이의 친구 엄마들도 민이 엄마에게 여러 가지 염려를 전했다.

"민이 엄마는 애를 대책 없이 너무 막 굴리는 것 같아. 이제부터는 한 가지만 지속적으로 가르쳐야 뭐가 돼도 되는 거야. 이것저것 하면 이도 저도 안 된다니까."

"맞아. 처음부터 목표를 갖고 투자를 해야 나중에 후회하지 않는다니까!"

남과 비교하면 남과 같은 인생을 살 뿐이다

민이 엄마도 사람인지라 그런 말을 듣고도 걱정이 없는 건 아니었다. 하지만 주변에서 들려오는 그런 말들보다, 부모의 강요나 사회의 압박이 아니라 민이 스스로 무언가를 결정하기 위해서는 다양한 경험이 필요하다는 믿음이 있었다. 어떤 직업을 선택하든 누구를 만나든 민이 스스로 경험해보고, 그 안에서 쌓은 것들이 바탕이 되어야만 스스로 선택에 대한 책임을 질 수 있다고 믿었기 때문이다.

만약 부모님이 주변의 말들에 흔들렸다면 민이의 삶은 달라졌을 것이다. 여느 아이들처럼 부모가 기대하는 모습, 사회가 기대하는 모습에 맞춰 길러졌을 것이고, 민이도 자신이 무엇을 좋아하는지, 어떤 것에 만족감을 느끼지 못하는지 모르고 답답한 채로 만족스럽지 않은 자신에게 실망하고 좌절했을 것이다. 하지만 민이의 즐거움과 만족을 무엇보다 우선시했던 부모님 덕분에, 민이는 자신이 즐길 수 있는 것들에 관심을 갖고, 여러 가지 정보를 누구보다 빨리 알아내 경험해볼 수 있었고, 즐길 수 있는 방법까지 찾아내고는 누가 시키지 않아도 스스로 열심히 연습하고 애썼다.

모두가 원하지만 아무나 갖지 못하는 것

이제 스물한 살이 된 민이는 현재 수많은 직업을 가지고 있다. 일단 학생이면서, 두 번째로는 일본어 멘토 선생님이기도 하다. 세 번째는 자신이 공연도 하고, 자원봉사도 했던 공연장에서 좌석 안내 및 공연 진행을 돕는 어시스턴트이다. 네 번째는 온라인으로 타로점을 보는 부업을 하고 있는데, 설명도 친절하고 용하다고(?) 소문이 나서 손님이 끊이질 않는다. 다섯 번째로는 캐릭터를 그려주는 작가로도 활동하고 있고, 여섯 번째는 기타 선생님이기도 하다. 그 외에도 신발에 붙이는 파츠와 귀걸이를 직접 만들고, 때때로 작곡을 해서 용돈을 벌기도 한다.

그뿐이 아니다. 취미 생활은 피아노 연주, 기타 연주, 우쿨렐레 연주, 플루트 연주이다. 한번 악기를 들기 시작해 한 시간씩만 잡고 놀아도 한나절이 훌쩍 지나가버린다. 그러니 밖에 나가서 재미를 찾을 일도 없다. 비슷한 취미를 가진 여러 친구들과 공통된 주제로 얘기를 나누고, 공유하다 보니 관계에서 겪는 어려움도 크게 없었다.

만약 누군가가 민이에게 이 모든 것을 다 하라고 강제로 시켰다면 절대 하지 못했을 것이다. 하지만 민이는 "네가 재밌으면 해보렴"이라고 말해주는 부모님 덕분에 자신이 좋아하는 것들을 충분히 탐색해보고 찾을 수 있었고, 더 재미있게 즐기기 위해 연습하다 보니 나름 고수가 되었으며, 자신이 노력한 결과물로 용돈까지 벌고 있다. 아마도 모든 부모가 원하는 자녀의 모습이 바로 이런 모습이 아닐까?

가능성을 발견하는 부모 vs 자기 꿈을 실현하려는 부모

그럼에도 부모들은 여전히 자녀로부터 가능성보다는 불가능을 먼저 발견하고, 믿지 못하고 간섭하고, 자신의 불안을 자녀에게 던진다. 그러나 그런 부모의 간섭은 아이들이 스스로 자신의 분야를 발견하고, 그것에 빠져 열정과 에너지를 쏟아붓는 경험과 그 안에서 얻어지는 만족감을 방해하는 결과를 가져올 뿐이다.

무언가에 깊이 빠져본 아이 그리고 무언가에 에너지를 오롯이 쏟아본 아이는 열정이 무엇인지, 만족이 무엇인지 알기 때문에 자신을 위해 에너지를 쏟을 줄 안다. 부모는 보상이 없어도 성취를 위해 노력하고 애쓰는 마음을 아이들이 만들어갈 수 있도록 환경을 조성해주어야 한다. 그러나 앞서 상담실에서 만났던 B군의 엄마는 그렇지 못했다. 자녀에게서 가능성을 발견하려 하기보다는 자녀를 통해 자신이 이루지 못한 꿈을 이루려는 욕심을 가지고 있었다. 자녀가 자신이 이루지 못한 인생을 대신 살아주기를 바라는 것이다. 그래서 자신의 꿈을 아이에게 강요했고, 그 강요가 결국 아이를 지치고 무력하게 만들었다.

인디언 기우제의 성공률은 100%라고 한다. 비결은 간단하다. 비가 올 때까지 제사를 드리기 때문이다. 여기서 주목해야 할 것은 언젠가는 비가 올 것이라는 믿음과 기우제를 즐기는 제사장의 자세이다. 아이들도 마찬가지다. 아이들은 저마다 타고난 재능이 다르고, 좋아하는 것을 찾아서 반복하다 보면 누구나 그 분야에서 달인이 될 수 있다. 하지만 타인이 시켜서 하는 행위는 지치기 마련이고, 즐겁기보다는 고통스러워질 뿐이다. 자녀에게서 가능성을 발견하는 부모가 될 것인가, 자녀를 통해 자기 꿈을 실현하려는 부모가 될 것인가. 답은 뻔하다. 그러나 나는 숱한 상담을 통해 이를 실천하는 부모가 의외로 많지 않다는 것을 알 수 있었다. 반면 기다려주는 부모를 둔 아이들은 비로소 안심하고 자신만의 코끼리를 찾을 수 있게 된다. 내 아이가 찾은 코끼리가 비록 부모가 좋아하는 핑크색이 아니고, 귀가 날개처럼 크지 않고, 코로 통나무를 들어 올리지 못하더라도 내 아이의 코끼리를 같이 돌봐주는 것이 바로 부모로서의 역할이다.

코끼리 찾기는 끝이 없다

민이의 코끼리는 지금도 세상 어딘가에서 민이가 자신을 발견해주기를 기다리고 있다. 그리고 민이도 자신이 아직 발견하지 못한 코끼리를 찾기 위해 애쓰고 있다. 눈을 가리고 코끼리의 각 부분을 더듬어보는 동안에는 각 부위가 서로 다르게 생각되고, 별개의 느낌으로 전해져 그것이 무엇인지 잘 모를 수 있다. 하지만 그 모든 것들을 조합하여 하나의 코끼리의 모습을 완성할 때, 즉 '자신'의 코끼리를 찾게 됐을 때 아이들은 자신의 분야를 찾고 세상을 즐기면서 살아갈 수 있다. 아이들이 저마다의 코끼리를 찾게 놔두자. 우리 아이가 찾을 코끼리는 어떤 모습일지 기대되지 않는가? 부모의 조급함으로 어리석게 그 기회를 놓치는 일이 없기를 바란다.

질문할 줄 아는 아이는 스스로 답을 찾아간다

말하는 게 힘든 아이

은하는 말이 없고 조용한 아이이다. 오랫동안 밥을 같이 먹을 친구도 없었고, 그룹 과제를 같이 할 친구도 없이 교실에서 마치 없는 사람처럼 지내면서 심각한 우울증에 빠졌고, 그러다 상담실로 왔다. 은하 엄마는 은하가 왜 이런 일을 당해야 하는지 이해할 수 없고, 은하가 이 지경인데도 나 몰라라 하는 반 친구들도 마음에 들지 않아서 할 수만 있다면 똑같은 방법으로 응징해주고 싶다고 했다. 은하는 한참 동안 엄마가 친구들을 비난하는 이야기를 하는 동안에도 고개를 숙인 채 미동조차 없었다.

엄마가 상담실을 나간 뒤에야 비로소 은하는 고개를 들어서 상담실을 둘러보았다. 그동안의 시간이 얼마나 힘들었는지 말해주듯 눈 맞춤의 시간도 짧고, 목소리는 작았으며 말도 굉장히 조심스럽게 천천히 했다. 살짝만 건드려도 바스라질 것 같은 은하에게는 어떤 압박도 주면 안 될 것 같았다.

자신의 목소리를 내본 적이 없는 아이에게 대화를 통한 상담은 한계가 있을 수밖에 없다. 너무 많은 질문은 압박과 조급함을 주고, 그렇다고 질문을 안 하는 것도 적절한 방법은 아니다. 그래서 그림을 그려보기로 했다. 은하는 그림을 그릴 때 다른 아이들보다 많은 시간이 걸렸는데, 그에 비해 필압이 약하고, 그림의 크기도 아주 작았다.

HTP(House, Tree, Person) 그림 검사는 상담에서 유용하게 사용되는 검사 방법 중 하나다. 나이가 어려 대면 상담이 어려운 경우, 정서적으로 취약하거나 언어를 활용한 의사 표현에 어려움이 있는 경우, 그리고 문화적 차이로 의사소통이 어려울 경우 등에서 말로 표현하지 못하는 부분을 보는 데 특히 유용한 검사이다. 그림에서 보여주는 왜곡, 강조, 필압, 스케치 방식과 그림을 그리는 과정에서 보여주는 태도, 완성된 그림을 보면서 던지는 다양한 질문을 통해 그림을 그린 사람에 대한 자아상, 환경, 대인관계 양상, 무의식에 대한 여러 가지를 탐색해볼 수 있기 때문이다.

힘들다고 말해본 적이 없는 아이

자신이 왜 살아야 하는지 모르겠다는 은하의 그림에는 온통 상처와 고통이 드러나 있었다. 아이가 미래에 대한 희망 없이 그저 하루하루를 겨우 버티고 있다는 것이 그대로 보였다. 하지만 진짜 문제는 그동안 힘들다는 말을 한 번도, 누구에게도 해본 적이 없다는 사실이었다.

은하의 아빠는 군인이다. 군인 아빠를 둔 이유로 아이는 본인의 뜻과는 상관없이 초등학교 때부터 고등학교 1학년이 될 때까지 열 번이 넘는 이사를 해야 했다. 그래도 어릴 때는 새로운 집에서 살 수 있다는 것이 신나고 좋기도 했지만, 차츰 이사를 하는 것이 슬프고 괴로워졌다. 어렵게 사귄 친구들과 헤어져야 했고, 이사한 후에는 자신을 동물원 원숭이 보듯 쳐다보는 낯선 아이들과 친해지기 위해 몇 달을 고생했다. 그 과정이 너무 힘들고 어려웠지만 아빠 없이 이삿짐을 싸면서 언젠가부터 이삿짐 풀기도 포기한 채 필요한 것만 찾아서 대충 생활하는 데 급급한 엄마의 모습이 이미 충분히 지치고 힘들어 보였기에, 그런 엄마에게 차마 자기가 힘들다는 말을 할 수 없었다.

은하가 친구가 없는 만큼 은하의 엄마 역시 친구가 없었고, 잦은 이사로 집안 행사에조차 참석하지 못하다 보니 언젠가부터 친가나 외가에서 가족 행사가 있어도 은하네 식구들은 어련히 못 오겠거니 생각하고 연락도 해주지 않는 상황이었다.

이사를 다닐 때마다, 새 학교에서 새로운 친구를 사귈 때마다 세상에서 내 마음대로 되지 않는 게 너무 많고, 사람들은 이유 없이 다른 사람을 미워하고 싫어하기도 한다는 걸 알아버린 은하는 상처받지 않기 위해 입을 닫았고, 다른 사람들이 자신에게 하는 평가와 조롱에도 귀를 닫은 채 살아야만 했다.

“그렇지만 은하가 엄마한테 힘들다고 말을 했다면 어땠을까?”

“그러면… 그냥 버티라고 했겠죠.”

“버티기 힘들다고 말하면?”

“네가 더 잘해야 한다고 말했을 거예요.”

“뭘 더 잘해야 하는지 모르겠다고 말했다면?”

“말대꾸하지 말고, 그럴 시간에 공부나 열심히 하라고 했을 거예요.”

아이의 입을 막아버린 엄마

아이의 생각대로 힘들다고 말했다면 은하의 엄마가 어떻게 반응했을지 궁금했다.

“어머니, 은하가 힘들다고 말했다면 어떻게 반응해주셨을까요?”

“그동안 힘들다고 말한 적도 없고, 그리고 힘들다고 말했어도 뭐, 그냥… 사실… 제가 너무 여유가 없었어요. 그러니 전 그냥 잘하고 있는 줄 알았죠.”

은하의 말대로 엄마는 너무 여유가 없었다. 아이의 질문에 어떤 답을 주는 대신 힘든 속내를 들어주는 것만으로도 도움이 된다는 것을 몰랐다. 사실 은하가 엄마에게 힘들다고 말을 하지 않은 것은 아니었다. 하지만 은하의 대답처럼 네가 참아야 한다고, 시끄럽다고, 알아서 하라고 입을 막아버렸던 것이다.

“은하야. 엄마가 만약 너한테 방법을 알려줬으면 그대로 해봤을 것 같아?"

"아뇨. 아마 못했을 거예요. 그래도 일단 엄마한테 위로받으면 힘이 나잖아요"

가끔은 내 안에 있는 것들을 누군가에게 털어놓는 것만으로도 힘이 나고, 위로가 된다는 것을 은하의 엄마는 왜 알지 못했던 것일까. 은하는 지금 고등학교 2학년이지만 관계의 어려움뿐만 아니라 진로 문제에서도 정해진 게 아무것도 없다. 목표를 향해 공부하고 노력하는 친구들 사이에서 아무것도 하지 않는 자신, 무엇을 해야 할지 모르는 자신을 보면서 다시 무기력해지고, 무기력해지지 않기 위해 힘을 내보려 해도 어디서부터 어떻게 해야 할지 몰라 다시 무기력에 빠지는 패턴이 반복되고 있었다.

무기력하고 힘이 없으니 무언가를 선택하고, 그것을 드러내고, 결정하기도 어려웠겠지만 어쩌다가 용기를 내서 엄마에게 질문을 했을 때 "네가 알아서 해야지, 그런 걸 왜 엄마한테 묻니? 아유 시끄러워! 말대꾸하지 말랬지? 그런 거 물어볼 시간에 문제를 더 풀어!"라고 말해버린 엄마의 반응이 아이를 더욱 더 뒷걸음치게 했던 것이다.

질문의 힘과 묻는 즐거움

〈질문의 힘〉이라는 영상이 있다. 2분 30초가량의 영상에서 5세 정도의 아이는 아빠에게 끊임없이 "Why?"라고 질문을 던진다. 아빠는 아이의 질문에 최선을 다해 답하지만 질문은 끝없이 이어지고, 결국 대답하기를 포기하는 아빠의 모습에 저절로 웃음이 터진다. 하지만 아이의 아빠는 끝까지 아이에게 입을 다물라고, 네가 알아서 하라고, 왜 그런 걸 나한테 묻느냐고 화내거나 윽박지르지 않는다. 그런데 우리네 일반 가정에서도 그와 같은 모습을 볼 수 있을지는 의문이다.

우리는 주로 혼날 때, 무언가를 잘못했을 때에야 비로소 "왜?"라는 질문을 듣거나 던졌던 기억이 많을 것이다. 그래서 아이들조차, 아무리 궁금한 게 있어도 쉽게 "왜?"라고 질문하지 못한다. "왜?"를 호기심의 표현으로 받아주지 않는 문화, "왜?"를 어른에 대한 무시, 버릇없는 행동으로 여기는 문화, 질문이 곧 말대꾸가 되어버리는 문화에서는 아이들이 입을 다물 수밖에 없고, 생각하는 능력도 발전하지 못하고 퇴행해버린다.

"엄마, 저건 뭐야?"라고 질문하는 아이에게 정작 질문에 답을 하기보다는 "앞 똑바로 보고 걸어!"라고 대답하는 엄마. 물론 안전이 우선이니, 그 순간 엄마의 귀에는 아이의 질문이 잘 들어오지 않을 수 있다. 하지만 주의를 준 다음에는 "응. 저건 ○○야!"라고 반드시 아이의 질문에 대답해주어야 한다. 아이의 질문에 대답하지 않고 넘어가버리면 아이는 성장할 기회를 잃게 되고, 그다음 질문을 하고 그다음 생각을 할 기회도 사라지게 된다. 질문이 멈추는 순간, 호기심도 멈추기 때문이다.

여기서 한 발 더 나아가 "저거? 저게 궁금하구나? 네 눈에는 무엇으로 보이는데?"라고 물어봐준다면 아이는 상상력과 사고를 펼칠 수 있고, 질문도 꼬리를 물며 끝없이 확장하게 될 것이다.

이런 연쇄 질문은 아이의 메타인지를 발달시킨다. 메타인지란 '나는 얼마만큼 할 수 있는가'에 대한 판단과 자신의 인지적 활동에 대한 지식과 조절을 의미하는 것으로 내가 무엇을 알고 모르는지에 대해 아는 것에서부터 자신이 모르는 부분을 보완하기 위한 계획과 전략이다. 그리고 메타사고란 메타인지를 발달시키는 사고를 말한다. 이러한 메타사고를 자극하고 호기심을 인정해주는 바람직한 방법 중 하나가 질문이다. 질문을 통해 아이들은 새로운 질문을 만들어내고, 질문을 하면서 본인 스스로 대답을 추론해보기도 하기 때문이다. 질문은 힘이 세다. 특히 아이들에게는 더더욱 그렇다.

대화의 패턴이 중요하다

학교 공개수업에 다녀온 후 부모들이 가장 속상해하는 부분은, 바로 다른 아이들은 번쩍번쩍 손을 들어 질문과 발표를 하고 박수를 받는데 내 아이만 꿔다놓은 보릿자루처럼 가만히 앉아 손도 들지 않고 발표도 하지 않고 있다는 것이다. 하지만 그런 아이를 만든 것은 부모라고 할 수 있다. 말이 터지고 세상 모든 것들에 대해 "저건 뭐야? 저건 뭐야?"라고 타오르는 호기심을 표했던 아이에게, 당시에 부모가 해주었던 반응이 결국 손을 들지 못하는 아이와 손을 드는 아이로 나누게 되는 것이다. 그런 면에서 부모는 아이가 무엇이든 질문할 수 있도록 환경을 조성해주고, "저건 뭘까?" "네 생각은 어때?" "무슨 의미일까?"와 같은 질문들로 꿈틀대는 호기심을 건드려 꺼내주는 광부의 역할도 해야 한다.

만약 은하 엄마가 은하에게 "네가 원하는 건 뭘까?" "그래서 네 생각은 어떤데?" "남들은 어떻게 할 것 같아?"라고 질문을 던져주고, 그렇게 표현해도 된다고 알려주었더라면 오늘의 은하는 없었을 것이다. 아빠의 직업적 특성과 잦은 이사를 해야 하는 상황은 달라지지 않았겠지만, 매번 관계에 집착하고 관계 때문에 힘들어하기보다는 고등학교 2학년이 된 지금, 자신과 자신의 상황을 이해하고, 자신이 하고자 하는 꿈을 준비하면서 분명한 진로를 정해 꿈을 향해 한 걸음씩 나아갈 수 있었을 것이다.

질문은 경쟁력이다

유대인들의 교육법으로 유명한 하브루타 교육법은 '토론과 질문'이 핵심이다. 서로에게 끊임없이 질문을 던지면서 사고의 폭을 확장하고, 깊이를 더하는 과정 속에서 사고능력을 키우고 성장하는 경험을 할 수 있다. 아이들은 서로에게 질문을 던지기 위해서 상대방이 던지는 질문을 이해해야 하고, 자신이 갖고 있는 정보를 적절히 조작하고 활용하는 능력을 개발해나갈 수 있게 된다.

지금은 시간과 공간을 초월해 어디서든 필요한 정보와 지식을 쉽게 찾아볼 수 있는 풍요로운 세상이지만, 생각할 기회를 잃고 고민할 시간이 없었던 우리 아이들이, 문제 상황이 발생했을 때 그것들을 활용해야 할 사고능력을 그만큼 갖추고 있는지는 의문이다.

문제가 생길까 봐 미리 처리해주고, 문제가 생기면 바로 해결해주는 부모 밑에서 많은 아이들이 하고 싶은 것보다는 해야 하는 것들만을 해왔고, 자신의 욕구보다 부모의 욕구에 더 맞추어 살아왔다. 하지만 언제까지, 어디까지 부모가 다 해결해줄 수 있을까?

지금은 부모가 살았던 시대보다 훨씬 많은 정보가 넘치고, 더 많은 직업이 있으며, 더 다양한 문화가 있다. 아이들이 누릴 수 있는 것도 많고 선택할 수 있는 기회도 다양해졌지만, 그만큼 더 많은 문제들이 발생할 수 있다. 그러나 같은 문제가 발생해도 가치관에 따라, 목표에 따라, 성향에 따라 원하는 답은 모두 다를 수 있다. 이런 상황에서 문제를 정확하게 파악하고, 그에 맞는 정보를 찾고, 조직화하여 해결하는 능력은 굉장한 경쟁력이 될 수 있다.

이러한 무한경쟁의 시대에 내 아이가 살아남기를 바란다면, 부모들은 이제부터라도 귀를 열어 아이들의 "왜?"라는 질문을 들어야 하고, 답해주고자 노력해야 하며, 아이들이 마음껏 질문하고 토론할 수 있는 장을 열어주어야 한다. 그리고 그렇게 안내하는 방법은 어렵지 않다. "너는 어떻게 생각하는데? 네 생각은 어때?"라고 묻기만 해도 된다. 이보다 더 쉬운 일이 있을까?

가족과 함께하는 감정 놀이

감정 빙고 게임

여러 가지 감정 중에 어떤 사람은 긍정적인 감정에 민감하고, 또 어떤 사람은 부정적인 감정에 민감하다. 같은 시대, 비슷한 환경에서 살아가고 있지만 사람마다 경험하는 감정의 수준은 다를 수밖에 없다. 개인이 드러내는 감정 안에는 그 사람의 기질, 성향, 정서적 취약성, 정서적 트라우마 등이 있을 수 있다. 감정 빙고는 '게임 + 정서표현 + 소통'의 세 가지 효과가 있는 게임이다.

*게임 방법 : 익히 알고 있는 빙고 게임 방식과 같다. 과일, 학교 등의 일상 주제가 아닌 자신이 알고 있거나 경험해본 감정을 각자 빈칸에 채워 적은 후 가족들과 게임을 시작해보자. 세 줄이 먼저 완성되면 '빙고'를 외친다.

감정 젠가

정서와 사회성의 기본은 '감정'이다. 나의 감정을 알아차리고 적절하게 표현하거나 해소할 수 있어야 하며, 타인의 감정에 적절하게 반응해주는 것이 바로 사회성의 시작이면서 완성이라고 할 수 있다. 하지만 감정은 타인에게 드러내면 안 되는 것으로 여겨지기에 대부분의 사람들은 스스로 자신의 감정을 제한하고 억압한다. 하지만 그러다가 결국 감정에 발이 걸려 넘어지고 만다. 서운해서, 답답해서, 억울해서, 서러워서, 화가 나서… 관계는 엉망이 되고, 여러 부분에서 부적응을 초래하게 된다. 감정은 특별한 순간에 특별한 단어로 표현되는 것이 아니라 언제든, 누구든지, 자연스럽게 표현할 수 있어야 하며 그렇게 되기 위해서는 가장 안전한 가족 안에서 충분한 연습이 필요하다. 가족과 함께 감정 단어가 적혀 있는 젠가 게임을 하면서 자신이 경험한 감정을 타인은 어떻게 경험하는지 나눔으로써 감정의 보편화, 감정표현의 적정한 수준을 조율할 수 있다.

*게임 방법 : 마음에 드는 감정 칸을 선택한 뒤, 돌아가면서 자신의 경험이나 생각을 말해보자.

슬픈	서러운	우울한	울적한	쓸쓸한	적막한
짜증나는	서운한	속상한	기대되는	흥분되는	긴장되는
공포스러운	끔찍한	후회스러운	짜릿한	비통한	황홀한
수치스러운	굴욕감	섬뜩한	희열	열받는	오싹한
억울한	겁나는	죄스러운	신나는	혼란스러운	허탈한
무서운	미안한	불안한	답답한	초조한	즐거운
유쾌한	당황스러운	만족한	심란한	염려되는	불편한
놀라운	창피한	안타까운	놀라운	편안한	떨리는

상황 젠가

인간은 사회적인 동물이다. 환경의 변화, 관계의 변화, 역할의 변화, 과업의 변화에 적응해야만 한다. 하지만 누구나 처음 살아보는 인생이기에 낯선 상황이나 낯선 사람 앞에서 당황할 수밖에 없다. 상황 젠가는 과거-현재-미래에 경험할 수 있는 상황에 적응하기 위한 개인의 방법을 탐색해볼 수 있으며, 가족 구성원들이 제시하는 방법이나 태도를 배울 수 있다. 이 과정에서 세상과 타인, 자신에 대한 신뢰수준을 탐색할 수 있고, 필요하다면 도움이 필요한 상황도 생각해볼 수 있다.

*게임 방법 : 각 칸에 있는 내용들을 서로에게 물어보면서 그 상황에 자신이 어떻게 대처했는지 또는 어떻게 대처할 것인지 설명해보자.

상황 1.

내가 기쁠 때는	내가 슬플 때는	내가 울고 싶을 때는	친한 친구가 갑자기 나를 못 본 체한다면	누구라도 옆에 있었으면 하고 바랄 때는
감동했던 순간은	듣고 싶은 말은	듣기 싫은 말은	길가다가 누군가와 부딪혔다면	낯선 곳에 가야 한다면
나의 약점은	나의 강점은	나의 소망은	선생님이 나를 오해하고 있다면	가족에게 나는 어떤 사람
부모님이 다투고 있을 때 나는	시험을 망쳤다면	친구와 다퉜을 때	엄마가 힘들어할 때	아빠가 화낼 때
다시 과거로 돌아간다면	가장 좋았던 순간은	중요한 시험에 수험표가 없다면	내가 진짜 걱정하는 것은	내가 없을 때 가족들은
잊고 싶은 순간은	엄마와 나는	아무도 모르는 나만의 비밀은	내 미래는	가장 소중한 것은

상황 2.

나에게 이상한 일이 생기면	내 생각에 가끔 나는	가끔 어른들은
나의 미래는	내가 두려워하는 것은	진짜 친구는
내가 어렸을 때	남자는	여자는
남녀가 같이 있을 때	내가 바라는 것은	우리 집은
나의 어머니는	내가 잊고 싶은 것은	나의 능력은
내가 행복하려면	나의 잘못은	아버지들은
내가 싫어하는 사람은	내가 좋아하는 사람은	결혼이란
다른 사람은 나를	엄마와 나는	나의 가장 큰 잘못은
언젠가 나는	아버지에게 바라는 것은	엄마에게 바라는 것은
어른들을 보면	과거로 돌아갈 수 있다면	나의 가장 큰 단점은
행운이 나를 외면하면	내가 늙으면	내가 없을 때 친구들은
나의 어린 시절은	아버지와 나는	나는 어머니를 좋아했지만
슬플 때 나는	화가 날 때 나는	외로울 때 나는
속상할 때 나는	내가 지금까지 한 실수는	실패를 하면
절대 말할 수 없는 비밀은	나의 버릇은	나의 장점은

4장

소통과 관계,
잘 맺어야 잘 통한다

소통은 눈맞춤에서 시작된다

인간은 누구나 관계 맺고 싶어 한다

《네 안에 잠든 거인을 깨워라》(조진형 옮김, 씨앗을뿌리는사람, 2008), 《돈의 법칙》(박슬라 옮김, 알에이치코리아, 2018) 등 부의 거인들을 탐구한 저서들로 유명한 동기부여 전문가 토니 로빈스(Tony Robbins)는 서로 신뢰할 수 있는 관계를 의미하는 '라포(Rapport)'를 상대방의 세계에 들어가 당신이 그를 이해하고 강력한 유대감을 갖고 있다고 느끼게 만드는 능력이라고 했다. 이처럼 라포는 상담 또는 코칭 시 내담자 또는 클라이언트와의 성공적인 상담을 위한 관계 맺기에서 필요한 능력이다. 뿐만 아니라 어느 조직이건 리더와 구성원과의 라포 형성이 리더십을 결정짓기도 한다.

미국의 심리학자인 매슬로(Abraham Harold Maslow) 역시 욕구 이론에서 인간은 본성상 추위와 굶주림만 해결된다면 곧바로 사회적으로 인정받고 싶은 욕구를 느끼는 존재라고 했다. 이처럼 관계 형성은 대상, 장면, 직업을 막론하고 관계의 기본이며 필수요소이고, 관계 형성이 중요하다는 것을 모르는 사람은 없다. 그럼에도 관계 형성을 어떻게 해야 할지 모르겠다고 호소하는 사람들이 여전히 많다.

서로의 눈부처가 되어

어색함을 풀기 위해 아이스 브레이킹(Ice Breaking)을 해야 한다는 말을 들어보았을 것이다. '아이스 브레이킹'이란 사전적 의미로는 안면 트기, 즉 새로운 사람을 만났을 때 어색하고 서먹서먹한 분위기를 깨뜨리는 일을 말한다. 나는 처음 이 말을 들었을 때, 아이스를 'ICE'가 아닌 'EYES'로 잘못 알아들었다. 그래서 얼음 깨기가 아니라 '눈동자 부수기'라고 이해했다. 누구라도 처음 만나면 어색하고 쑥스러워서 눈을 맞추는 것을 힘들어 한다. 하지만 낯섦과 어색함을 깨고 친근함을 형성하기 위해서는 상대방의 눈동자를 바라보는 것이 시작이지 않을까?

그렇다면 가족 간에, 친구 간에 우리는 얼마나 많은 눈 맞춤을 하고 있을까? 관계 형성을 위한 실험에서 서로를 말없이 3분 이상 쳐다보라고 지시했을 때 오랜 연인은 물론이고 부부, 부모와 자녀 간에도 3분이라는 시간 동안 서로의 눈동자를 잘 바라보는 관계는 드물었다. 다들 그렇게 오랜(?) 시간 서로를 쳐다본 적이 없어서 어색하고 쑥스럽다는 반응이었다.

상대방의 눈동자 안에 자신의 모습이 오롯이 들어 있는 형상을 '눈부처'라고 표현한다. 서로의 마음에 상대의 모습을 그대로, 오롯이 담아내는 것. 그것이 관계 형성의 처음이자 과정이고 끝이다. 그리고 바로 그것이 관계를 형성하는 모든 것이 되어야 한다.

아이가 잘못했을 때 오롯이 아이의 눈을 바라보며 아이가 이해하는 방향으로 옳고 그름을 알려주어야 하며, 아이와 부모의 의견이 나뉠 때에는 서로의 눈 속에 담긴 상대의 모습을 보고 판단해야 한다. 혼을 내지 말라는 이야기가 아니다. 아이가 자신과 타인의 권리를 침해하고, 사회질서를 방해하고 무시한다면 혼을 내서라도 바른 선택을 할 수 있도록 도와야 한다. 다만 아이가 겁먹지 않고 잘 이해하고 있는지, 가르침의 속도와 강도가 아이가 받아들일 수 있는 수준인지를 오롯이 아이의 눈을 통해 가늠하고 확인해야 한다는 것이다. 화가 아닌 훈육이 필요하다.

엄마의 가방을 짊어진 동민이

맞벌이를 하는 동민이 엄마는 매일 아침 출근 준비를 하는 데만도 벅찼기에, 둘째와 셋째의 어린이집 등원 준비를 첫째인 열한 살 동민이에게 맡겼다. 그래서 만일 외동이었다면 아직 어리다고 보살핌을 받았을 나이인데도 동민이는 일찍부터 동생들 밥을 먹이고, 옷을 입히고, 어린이집 가방을 챙겨야 했다. 그 과정은 단 하루도 수월한 적이 없었지만 동민이는 자신이 엄마를 도와야 한다는 것을 너무 잘 알고 있었다.

그러던 어느 날 동민이가 감기에 걸려 동생을 돌보지 못했고, 그 바람에 아이들을 챙기느라 동민이 엄마가 회사에 지각을 해서 중요한 미팅에 차질이 생겨버렸다. 직장생활에서 무엇보다 실력을 중요하게 생각해온 동민이 엄마는 다른 것도 아닌 육아로 인해 자신의 실력까지 평가 절하되는 것 같아 기분이 좋지 않았다. 그래서 아이들을 챙기는 문제로 아빠와 다투는 일까지 벌어졌다.

동민이는 모든 일의 원인이 감기에 걸린 자신 때문에 벌어진 것 같아 마음이 불편했다. 또 친구들은 그렇지 않은데 왜 자신은 늘 종종거리면서 아침마다 동생을 돌봐야 하는지, 자신이 감기에 걸리면 왜 아픈 자신을 돌봐주는 대신 엄마 아빠가 싸움을 하게 되는지 그리고 자신도 아직 어린데 엄마는 늘 "동민아, 네가 형이잖아. 너까지 엄마를 안 도와주면 엄마는 어떡하니"라고 하는지 등 여러 상황이 생각할수록 서운하고 속상했다. 우울하고 기운이 빠졌지만 누구에게도 그런 이야기를 제대로 할 수는 없었다.

"엄마는 동생들만 봐요."

그날도 동민이는 거실 청소를 한 뒤 동생들이 올 때까지 멍하니 앉아 있었다. '오늘은 또 무슨 번잡한 일이 생길까. 동생들은 또 나더러 간식 달라, 놀아달라, 게임 해달라, 하며 귀찮게 하겠지?' 이런 생각이 들자 갑자기 어딘가로 사라지고 싶을 만큼 견디기 힘들었다. 혼자 쉬고 싶을 때도 있었지만 동생들을 돌봐야 하니 그럴 수 없었고, 아침에 늦잠을 자고 싶었지만 동민이보다 먼저 일어나 이것저것 졸라대는 동생들 때문에 그럴 수 없었고, 집안 청소를 하거나 동생들을 챙겨주는 대신 친구들과 축구를 하러 나가고 싶었지만 그럴 수 없었다. 아무것도 마음대로 할 수 없다는 생각에 갑갑했다. 점차 동민이의 말수가 줄어들기 시작했다.

부모님은 그런 동민이를 보면서도 그저 사춘기려니 하고 넘겼지만 시간이 갈수록 동민이는 더 말이 없어졌고, 어린 동생들을 대하는 태도도 예전과 달라졌다. 동생들을 윽박지르거나 동생이 먹지 않겠다고 하자 수저를 휙 던지는 일도 일어났다. 엄마는 당황스럽고 놀란 마음에 동민이를 데리고 상담실에 찾아왔다.

"얘가 원래 굉장히 착하고 동생들한테도 잘하는 아이였는데…."

이 말은 모든 엄마들의 공통된 래퍼토리다. 그리고 아이가 보이는 문제행동을 고쳐서 예전과 같이 말 잘 듣고 착한 아들로 돌려놔 달라는 요구이기도 하다. 그렇게 만나본 동민이는 상당히 무기력해져 있었고, 분노와 적개심도 있었다. 그리고 그 분노의 대상은 엄마였다. 동민이는 그동안 참고 또 참으며 기다려왔다. 자신이 잘하면 언젠가 엄마가 자신을 챙겨주고 칭찬해줄 것을 기대했지만, 엄마는 동민이가 열 번 잘하다가도 한 번 실수하면 잘해온 아홉 번에 대해서는 칭찬하지 않고, 잘못한 한 번에 대해서는 무섭게 혼을 냈다. 그래서 혼나지 않으려고 더 노력했지만 동생들이 다치기라도 하면 엄마는 여지없이 동민이의 잘못으로 돌리며 혼을 냈던 것이다. 동민이는 동생들을 챙기면서 엄마에게 사랑받기를 갈구했지만, 엄마는 동민이가 동생들의 형으로서 역할을 잘하기만 바랄 뿐, 사랑을 주고 보살펴야 하는 또 하나의 아이로는 보지 않았던 것이다. "엄마는 동생들만 봐요."

엄마의 눈 안에 오롯이 들어간 적이 없는 동민이는 소외감과 절망감을 느꼈고, 초등학교 4학년이 감당하기에는 버거운 정서를 해소하기 위해 입을 닫고, 점차 무기력해진 채 분노를 참고 참다가 터트렸던 것이다. 그리고 그것은 엄마를 부르는 간절한 호소이기도 했다. '엄마. 저 여기 있어요! 저 좀 봐주세요! 엄마….'

그 외침을 외면하고 그 눈빛을 끝까지 제대로 보지 못했던 엄마는 동민이의 마음을 알고 나서 한참 동안 눈물을 흘렸다.

가장 훌륭한 육아책은 내 아이의 눈빛이다

엄마는 늘 바쁘다. 아이들이 엄마를 부를 때 엄마는 청소 중이거나 설거지 중이거나 겨우 텔레비전을 보기 시작한 참이다. 그래서 대답을 하지 못한다. 그때 아이가 한번 더 엄마를 부르면 엄마는 아이를 돌아보지도 않은 채 이렇게 외친다.

"아, 왜? 그만 좀 불러! 엄마 바쁜 거 안 보여?"

이런 식으로 엄마는 자기도 모르게 아이를 무안하게 만들고, 눈치 없는 아이로 만들어버린다. 부모의 역할 중에 무엇보다 중요한 것은 아이와 눈을 맞추는 일이다. "세상에 많고 많은 육아책이 있지만 가장 훌륭한 육아책은 내 아이의 눈빛이다"라고 말하면 많은 부모들은 "바빠서 볼 시간이 없어요"라고 답한다. 하지만 아이와의 눈 맞춤에는 많은 시간이 필요하지 않다. 아무리 길어도 3분이면 되기 때문이다.

엄마가 출근할 때 입었던 옷을 갈아입지도 못한 채 청소, 설거지, 식사 준비를 하는 이유는 뭘까? 바로 아이에게 더 좋은 환경을 제공하고, 행복을 느끼도록 해주기 위해서일 것이다. 하지만 아이의 부름에 응답하지 않고 핀잔을 준다면, 그 모든 것들을 누려야 할 아이는 엄마가 차려놓은 밥과 집이 행복하다고 느낄 수 없다. 아이의 식사 준비로 바쁘다면 아이와 눈높이를 맞춘 채 "엄마가 맛있는 밥을 빨리 해주려고 바쁜데, 네가 좀 도와줄 수 있을까?"라고 물어보면 되고, 청소를 중요시하는 엄마라면 아이에게 "엄마가 이걸 다 치워야 너랑 놀 수 있는데, 같이 하면 어떨까?" 하고 말할 수 있다. 그러면 아이들은 엄마와 더 많은 시간을 보내기 위해 배가 고파도 좀 참을 수 있고, 기꺼이 장난감을 미리 정리해둘 수 있다.

삶에서 덜 중요한 것들을 쥐고 있느라 내 아이를 저만치 밀어낸 채 그 아이가 슬퍼하는지, 행복해하는지 알지 못하고 투덜거리는 무지를 버리자. 그리고 내 아이에게 안정감 있는 부모, 신뢰할 수 있는 부모가 되고 싶다면 아이가 부를 때 온전히 내 아이를 눈에 담아보자.

아이의 취미를
인정하고 공유하라

당황하지 않고 '페친' 소개 받기

현이 엄마는 얼마 전 딸로부터 페이스북 친구, 일명 '페친'을 소개받았다.

"나이는 몇 살이야?"

"응. 나보다 많아, 직장 다니고 어른이야."

"어른? 얼굴은 본 적 있고?"

"아니, 한 번도 본 적 없어."

"우리 동네 산대?"

"아니. 어디 사는지 몰라."

"근데 친구라고?"

나이도 다르고, 얼굴은 본 적도 없고, 사는 곳도 모르는데 친구라 한다. 그런데도 시도 때도 없이 페이스북으로 메신저를 주고받으면서 킥킥대고 좋아한다. 명색이 친구라면 자주 보고, 취미도 비슷하고, 학교가 같거나, 최소한 나이는 같아야 친구라고 부를 수 있지 않은가? 그런데 그런 조건이 하나도 맞지 않는 사이버상의 누군가를 친구라고 소개하는 이 상황을 어떻게 받아들여야 할까?

혹시 사이버 범죄의 피해를 당하고 있는 건 아닌가 별 걱정이 다 들지만 선뜻 물어보기도 겁이 난다. 그런 마음을 아는지 모르는지, 현이가 하루는 채팅 내용을 보여주면서 "엄마. 세상에 폐친 집에 새가 들어왔대. 이게 말이 돼?" 한다. 그 순간 슬쩍 다른 내용도 읽어보니 평범하고 따뜻한 내용의 말들이 눈에 들어온다.

'진짜 친군가?'

덕후가 세상을 바꾼다

현이는 중학교 때부터 일명 '덕질'을 했다. 처음에는 단순한 호기심으로 웹툰을 보기 시작했고, 보다 보니 재밌어서 일본어 공부를 시작했고, 하다 보니 코스프레라는 취미까지 가지게 되었다. 현이 엄마는 그 과정을 지켜보면서 솔직히 눈에 넣어도 안 아플 딸이 나쁜 길로 빠질까 걱정도 되었고, 그 시간에 공부를 하면 얼마나 좋을까 싶기도 했지만 아이가 즐거워하니 됐다며 위안을 삼았다.

게다가 중학교를 멀리 가게 되면서 친구를 못 사귀면 어쩌나 걱정했는데, 덕질에 빠진 아이는 관심사가 딱 정해져 있어서 거기에 몰두하는 것 외에는 별다른 문제가 없었다. 오히려 덕질로 인해 새로운 친구를 사귀기까지 했고, 고등학교 때는 관련 동아리를 개설

해서 부장까지 맡았다는 것이었다. 어떤 힘든 일이 있어도 덕질 몇 시간이면 기분이 다시 좋아진다는 딸을 보면서 오히려 엄마까지 딸이 좋아하는 웹툰을 들여다보기도 했다. 그러자 아이가 왜 그렇게 재밌게 보았는지 이해가 되었고, 어린 시절 자신이 로맨스 만화를 읽으면서 설레었던 기억도 새록새록 떠올랐다. 무엇보다 아무 생각 없이 만화 속에 푹 빠져들 수 있어서 힐링이 되는 느낌도 있었다.

몰입을 경험하는 덕후

덕후라고 말하려면 최소 용돈의 일부를 덕질에 사용해야 하며, 정기적인 모임과 행사에 참여하는 것은 필수다. 현이도 마찬가지였다. 현이가 좋아하는 코스프레 모임에 참석하기 위해서는 사전 예약은 필수고, 예약을 못 하면 현장에서 몇십 분씩 줄을 서서 기다려야 겨우 티켓을 사서 들어갈 수 있었다. 그뿐인가? 모임에 가기 전부터 페친을 만나면 선물을 줘야 한다며 마트며 선물 가게를 드나들었다. 공부하라고 할 때는 그렇게 짜증을 내더니, 시간가는 줄도 모르고 선물을 포장하는 모습도 볼 수 있었다.

선물 준비가 끝나면 그다음은 코스프레 준비였다. 염색약과 원단을 사서 옷을 만드는 건 기본이고, 동대문 액세서리 시장을 이 잡듯 뒤져 자신의 캐릭터가 하고 있는 것과 똑같은 액세서리를 만들고, 만들기 어려운 것은 거금을 지불하고 구입했다. 한 번 입고 나면 그저 소장용인 코스프레 옷을 산다고 인터넷을 뒤지고, 택배가 오는 날은 까마귀 떼가 창궐한 듯 좋아서 "꺅꺅" 소리를 내지르는 모습에 기가 막혔다. 하지만 엄마는 그런 딸의 모습을 지켜보며 아이가 구입한 코스프레 의상을 한번 입어보기도 하고, 기념샷도 찍고, 같이 코스프레 모임에 참석하기도 했다. 이제 스무 살이 된 현이는 성덕(성공한 덕후)을 꿈꾸며 대학생이 되었고, 엄마와는 친구처럼 지내고 있다.

훌륭한 취미 생활보다 즐거운 취미 생활이 필요하다

아이들이 어릴 때 부모들은 태권도부터 피아노, 미술까지 다양한 학원을 보내면서 아이의 특기를 찾아주려고 노력한다. 하지만 어느 순간 모든 특기와 취미는 공부에 묻혀버린다. 아이가 놀아도 수학책을 펴고 놀았으면 좋겠고, 취미가 '영어단어 외우기'이기를 바라게 된다. 그리고 아이들이 하는 놀이와 재미는 쓸데없는 것으로 치부해버린다. 게임은 중독에 빠지니까 안 되고, 음악이나 그림은 나중에 벌어 먹고 살기 힘드니 안 되고, 운동은 1등 할 거 아니면 골병만 남으니까 안 된다면서, 아이들이 하고 싶은 것보다 부모인 자신들이 원하는 것만 시키려 한다. 그리고 취미 생활을 즐기려는 자녀들에게 이야기한다.

"먹여주고 재워주고 필요한 거 다 사주는데 네가 무슨 스트레스가 있다고 취미 생활이 필요하니? 그런 건 대학교 가서 해!"

아이의 취미를 존중하지 않으면 관계를 망칠 수 있다

그런 말은 자녀의 취미 생활도 차단하지만 부모와 자녀의 사이도 차단한다. 그리고 그것을 알게 되는 데는 그리 오랜 시간이 걸리지 않는다. 아이들은 더 이상 부모와 의논하지 않고, 대화하지 않으려 하며, 자신의 어떤 것도 공유하지 않으려 할 것이다. 게다가 자신이 무엇을 좋아하는지 모른다면 자신이 어떤 것을 잘할 수 있는지도 모른다. 대학교에 갔다고 해서 모든 것이 저절로 되지는 않는다.

현이의 친구 세영이는 엄마가 덕질과 코스프레를 반대했다. 학생답지 못하다는 이유였다. 그래서 코스프레 모임이 있는 날이면 세영이는 엄마에게 스터디 카페에 간다고 거짓말하고 현이네 집으로 와서 옷을 갈아입고 가곤 했다. 세영이는 현이가 엄마의 화장을 받고 있는 모습도 부럽고, 엄마가 코스프레 사진을 찍어주는 것도 부럽고, 무엇보다 엄마와 사소한 얘기까지 할 수 있는 것이 부러웠다.

부모는 힘든 일이 생기면 아이들이 당연히 부모인 자신에게 가장 먼저 이야기할 것이라고 기대한다. 하지만 자신이 좋아하는 것을 막고, 취미를 인정해주지 않는 부모에게 자신의 힘든 이야기를 할 수 있는 아이는 없다. 아이가 좋아하는 취미를 허락하지 않고 자신이 권하는 것만 하도록 하는 부모는, 아이의 솔직한 말이 아니라 자신이 듣고 싶은 말을 하기만을 기대하기도 한다. 그런 부모에게는 아이도 거짓말을 하게 될 수밖에 없다.

아이들의 취미는 그냥 노는 게 아니다. 세상을 살아갈 때 만나는 어려움 앞에서 나를 일으키는 방법을 찾는 것이다. 내 아이가 어떤 것에 힘을 얻고 위로를 받는지 모르는 부모는 아이가 어려움에 빠지면 아이보다 더 허우적대게 되기도 한다.

우리가 알고 있는 에디슨이나 퀴리 부인도 자신이 좋아하는 것에 정신없이 빠져들었던 덕후였다. 에디슨은 전구를 발명할 때 수없이 실수했지만 끝내 포기하지 않았다. 그것이 재밌고 좋았기 때문이다. 퀴리 부인도 마찬가지다. 포기하지 않고 집요하게 즐기는 덕후의 근성이 성공을 이끌어낸 것이다. 이제는 아이가 스마트폰을 보고 있다면, 텔레비전 앞에 있다면 천천히 물어보자.

"넌 뭘 할 때 제일 즐겁니?"

타인과의 관계에서 중심은 늘 '나'

"저요? 아무거나요."

상담사로서 상담실을 찾는 아이들에게 가장 먼저 던지는 질문은 이것이다. "뭐 마실래?" 그런데 질문을 받은 아이들 중 열에 아홉은 다음과 같이 대답한다. "아무거나요."

왜 이렇게 대답에 성의가 없을까 싶지만, 이유는 의외로 간단하다. 청소년이 자발적으로 상담에 오는 경우는 거의 없기 때문이다. 사고를 쳐서 끌려오거나, 문제가 심각해서 잡혀 오거나, 상담에 가지 않으면 용돈을 끊겠다는 협박에 마지못해 따라오는 경우가 대부분이다. 그래서 뭘 마시겠냐는 질문을 받으면 당황하거나 아무거나 상관없다며 무관심한 경우가 많다. 뭔가 자신을 실험해 보기 위해 던지는 미끼나 미션쯤으로 생각한다. 그래서 대답하기까지 오랜 시간이 소요되거나, 쉽게 '아무거나'라고 말하는 것이다.

물론 '아무거나'라는 음료는 없다. 그래서 나는 아이들의 대답대로 아무거나 줘본다. 특히 아이들이 싫어하는 건강 음료나 오묘한 맛의 허브티를 주면 아이들은 질문을 받을 때만큼이나 당황한다.

"맛이 어때?"

상담사의 취향대로 선택된 차가 당연히 자신의 입맛에 맞을 리가 없다. '이건 뭐지? 진짜 나를 실험하는 건가?'라는 눈길로 상담사를 쳐다보지만 상담사에게 '왜 이렇게 맛없는 차를 주셨어요?'라고 물어보는 경우는 없다. 인상을 구긴 채 건성으로 맛있다고 말하는가 하면 컵 쪽으로 두 번 다시 눈길도 주지 않는다. 이런 과정이 몇 번 더 반복되고 나면 아이들은 더 이상 상담사가 주는 맛없는 차를 마시고 싶지 않다는 생각에, 자신의 요구를 꺼내게 된다. 어느 날 비로소 "저는 우유 주세요"라고 대답하는 것이다.

상담은 자신이 원하는 것을 알아차리는 것에서 시작한다

많고 많은 질문 중에 상담사는 왜 하필 "뭐 마실래?"라는 질문을 던지고, 아이들은 왜 수많은 대답 중에 "아무거나"라고 답할까?

상담은 아이들이 스스로 무언가를 마시고 싶다고 말을 할 때부터 비로소 시작된다. 비록 본인이 원해서 오지는 않았어도, 스스로 마시고 싶은 차를 선택하는 순간부터 상담 안에서 본인이 무언가를 선택할 수 있다는 것을 알게 되는 것이다.

사람은 태어나면서부터 다양한 역할을 부여받는다. 그 역할 안에서 자신이 무엇을 해야 하는지는 알게 되지만 어떤 선택을 할 수 있는지에 대해서는 배우지 못한다. 자녀 대신 그 많은 선택을 일일이 다 해주는 부모가 많기 때문이기도 하다. 사소하게는 마실 음료의 종류부터 시작해 입는 옷, 읽을 책과 봐야 할 텔레비전 프로그램까지, 자녀의 삶 전반에서 부모가 '선택을 대행'하는 경우가 많다. 아이들의 수동적이고 타율적인 삶은 이렇게 시작된다.

그러나 아이들은 스스로 선택하고 직접 맛을 봐야 한다. 써서 못 먹는 한이 있더라도 "엄마, 나 생강차 먹어볼래요"라고 말할 줄 아이로 키워야 한다. "아무거나 주세요."가 아니라 똑 부러지게 "전 이게 좋아요"라든가 "이걸 원해요"라고 말할 수 있는 아이. 성장은 거기서부터 시작된다.

착한 아들이라는 신화

작은 소도시에서 살고 있는 승재는 대학을 졸업한 지 3년이 넘었지만, 아직 취직을 못하고 있다. 1년 전부터는 친구들과도 연락을 끊고 은둔생활을 하고 있다.

승재는 원래 운동을 잘했지만 부모님은 승재에게 운동 대신 탄탄한 직업을 가져야 한다고 권했다. 부모님 말대로 운동을 포기하고 겨우 대학에는 붙었지만, 회계사가 되기 위해 시작한 공부는 자신에게 맞지 않았다. 숫자를 다루는 것도 힘들고, 사람들을 상대하는 것도 힘들었다. 하지만 부모님은 그런 어려움을 알아주지 않았다. 공무원인 아버지도, 직장에 다니고 있는 어머니도 승재가 대학을 졸업하는 시점부터 취직도 못하는 아들을 남들이 어떻게 볼지 걱정할 뿐이었다. 아버지는 술을 마실 때마다 자식 복이 없다며 화를 냈고, 엄마는 자신이 팔자가 세서 아들이 저 모양이라고 한숨을 내쉬었다. 승재는 어렸을 때부터 남의 눈치를 많이 봤다. 원래 내향적인 성격이기도 했지만, 타인을 지나치게 의식하는 부모님의 영향도 컸다. 옷을 입어도 승재가 좋아하는 것보다는 옷 가게 주인이 더 잘 어울린다고 말하는 것을 샀고, 장난감조차 다른 사람들의 생각대로 골라야 했다. 어쩌다 승재가 고른 장난감이 고장이 났을 때 부모님은 모든 것을 승재 탓으로 돌리며 "네가 고른 게 그렇지 뭐. 엄마가 골라준 거 샀으면 이런 일 없었잖아. 어휴, 돈 아까워. 다음부터는 네가 고르지 마!"라고 했다.

엄마의 말에 틀린 점이 없다고 생각된 승재도 점점 자신의 욕구보다는 타인이 권하는 걸 선택하게 되었고, 오히려 그렇게 하면 문제가 생겼을 때 책임지지 않아도 된다는 생각에 편하게 여겨지기도 했다. 하지만 어떤 상황에서도 자신보다는 타인의 입장만을 고려하다 보니 항상 긴장되고, 위축되고, 주눅이 들었다.

부모님은 성인이 될 때까지 무엇이든 양보하고, 타인을 먼저 배려하고, 자신의 목소리를 내지 않고 부모님이 시키는 일을 한 번도 거절한 적 없었던 승재를 착한 아들이라며 자랑스러워했다. 대학생이 된 후에 만난 여자 친구도 부모님께 허락을 받은 후 교제를 시작했다. 승재 엄마는 교제를 허락받으려는 아들에게 "네가 좋으면 됐지, 뭘 나한테까지 묻니?"라고 했지만 아들이 인생의 모든 중요한 선택을 자신과 의논해주는 것에 무척 기뻐했다. 하지만 얼마 가지 못해 그 여자 친구와는 헤어지고 말았다.

승재의 첫인상은 착하고, 조용하고, 듬직해서 누구에게나 호감을 줬지만 어떤 것도 스스로 선택하거나, 결정하지 못하는 모습에 사람들은 금방 지치곤 했다. 승재는 여자 친구와 사귀면서도 데이트 장소, 음식, 영화까지 모든 것을 상대방이 골라주기를 바랐고, 그렇게 하는 것이 훨씬 편했다. 승재는 그것이 여자 친구를 배려하는 최선이라고 생각해서였지만, 여자 친구 입장에서는 아무것도 주도적으로 선택하지 못하는 승재를 감당할 수 없었다.

어른이 되었다고 당연히 되는 건 없다

상담실에 온 승재 어머니는 더 이상 승재를 자랑스러워하지 않았다. "성인인데 양말 하나도 자기가 못 골라요. 답답해 죽겠다니까요. 선생님, 우리 승재 어디 취직할 만한 데 없을까요?"

어머니가 자리를 비운 사이 승재는 겨우 목소리를 내서 말했다.

"저는 한 번도 제 것을 가져본 적이 없어요."

자신의 욕구를 알아차리고 그 욕구를 타인에게 전달해보는 경험 그리고 자신의 욕구가 타인에게 받아들여지거나 거절되는 경험 속에서 자신이 어떻게 느끼고, 그 느낌의 정도가 상황에 적절한지 경험하면서 우리는 조금씩 성장해간다. 하지만 승재는 자신의 욕구보다는 부모님의 욕구, 타인이 원하는 욕구를 자신의 것처럼 받아들이고 살아왔고, 성인이 될 때까지 온전한 자신으로 살아본 적이 없었던 것이다. 부모가 짜놓은 프레임에 맞춰 자신보다는 타인만을 보면서 살았는데, 이제 와서 그게 틀렸다고, 잘못됐다고 하니 어찌할 바를 모르는 것이 당연했다.

"제가 뭘 해봤자 어차피 엄마한테 혼날 텐데요. 뭐."

이런 상태는 무기력이라고 표현할 수밖에 없다. 그리고 아무것도 선택하지 못하는 성인을 더 이상 착하다고 봐주는 사람은 없다. 아무리 권력이 높고, 돈이 많아도 사람이 절대 바꿀 수 없는 두 가지가 있다. 바로 과거와 타인이다. 하지만 많은 이들이 타인의 기준에 자신을 맞추기 위해 노력하고 또 노력하면서 그것이 내 삶인지 아닌지 구분하지 못한다. 사람이 살아가면서 느끼는 다섯 가지 기본욕구는 소속, 힘(성취), 즐거움, 자유, 생리적 욕구라고 한다. 그리고 인간은 그러한 욕구를 충족하기 위해 선택하고 책임지는 일을 반복하게 된다. 자녀가 온전한 삶을 살기를 바란다면 지금 내 아이가 누구를 위해 선택하고 행동하는지 살펴보고, 부모가 듣고 싶은 대답만을 자녀에게 강요하고 있지는 않은지도 점검해봐야 한다.

세월이 흐른다고 누구나 다 당연하게 어른이 되는 것은 아니다. 내 자녀의 성장을 부모 스스로 막고 있는 것은 아닌지, 내 아이가 부모의 눈치와 자신의 욕망을 같은 선상에 놓고 비교하고 있는 것은 아닌지, 아이를 보면서 부모가 먼저 깨닫고 실천해야 할 것이다.

서로의 마음을 읽고 알아준다는 의미

당신을 끊어야 내가 살 수 있다고 말하는 기준 씨

기준 씨의 최초의 기억은 자신이 잘못했을 때 자신이 아닌 엄마에게 화를 내는 아버지와 자신 때문에 잘못도 없이 아버지로부터 혼나는 엄마 그리고 그 모습을 무기력하게 바라만 봐야 했던 자신과 자신을 내려다 보던 아버지의 눈빛이다. 그렇게 이유도 모른 채 아버지의 폭력을 겪으며 자란 기준 씨는 어른이 된 후 아버지와의 의절을 선언했다. 어쩌다 집에 전화를 걸어도 엄마하고만 통화했고, 엄마가 아버지 얘기를 꺼내면 전화를 끊어버리곤 했다. 한번 화가 나면 한 시간이든 두 시간이든 화가 풀릴 때까지 매질을 하던 아버지를 어떤 이유로든 다시 떠올리고 싶지 않았다.

기준 씨 아버지는 영문도 모른 채 아들로부터 의절을 당한 뒤 매일매일을 술로 보냈다. 가족을 위해서 뼈 빠지게 일하고, 한눈 한번 팔지 않고 살아온 것 외에는 자신이 딱히 잘못한 일이 없다고 생각했고, 아들로부터 의절을 당했다는 사실을 믿을 수가 없었다. 처음에 기준 씨가 아버지를 보고 싶지 않다고 말했을 때는 어이가 없고 기가 막혀서 "그러자. 너는 너대로, 나는 나대로 살자"라고 큰 소리쳤지만 시간이 지날수록 기준 씨 외에 부인과 딸들까지 점점 멀어져간다는 느낌이 들었다. 이유라도 알고 싶었지만 의절을 선언한 이후 전화조차 하지 않는 아들로부터는 어떤 설명도 들을 수 없었다.

애정을 매로 표현했던 아버지

아버지의 입장에서는, 자신이 가끔 아이들을 혼낼 때도 있었지만 그때는 나름대로 이유가 있었다. 좋은 것 귀한 것은 장남인 기준 씨에게 먼저 주면서 남다른 애정을 쏟은 것도 사실이었다. 물론 장남에게 거는 기대가 큰 만큼 혹시 비뚤게 나갈까 봐 다른 아이들에게보다 엄하게 대하기는 했다. 하지만 다 잘되라는 의미였지, 아들을 미워했거나 화를 참지 못해서 분풀이하듯 혼낸 건 절대 아니었다. 기대만큼 잘 자란 아들이 남들이 부러워하는 대학도 가고, 좋은 회사에 취직도 해서 그동안 자식을 위해 노력한 것에 대해 보상을 받나 싶었는데, 그렇게 사랑과 애정을 쏟은 아들인 기준 씨로부터 의절을 당한 것이 이해되지 않았다.

장남이라는 이유로 더욱 엄하게 했던 것이 아버지의 표현법이었지만, 그걸 이해하고 인정하기에 기준 씨는 어렸고, 어린 기준 씨가 감당하기에는 사랑의 매가 너무나 아팠던 것이다.

단 한 번이라도 사과했더라면

상담실을 찾은 기준 씨는 이제 곧 아버지가 된다. 아이가 태어나는 기쁨과 함께 자신이 아버지 같은 사람이 될까 봐 두렵다는 말도 했다. 아버지처럼 화내고, 아버지처럼 자신의 문제를 모른 채 다른 사람만 탓하고, 아버지처럼 가족을 무시하는 그런 아버지가 될까 봐 무섭고, 생각하기도 싫은 아버지를 생각하느라 다른 일을 못하고 있는 자신이 힘들다고 했다.

우리나라는 아직도 뿌리 깊은 가부장제도가 자리 잡고 있다. 가장이 가족 구성원에 대해 강력한 권한을 가지고 가족을 지배하고 통솔하는 형태여서, 가정의 모든 권력은 아버지로부터 나오고 아버지의 권위에 그 누구도 도전하면 안 된다는 것이 불문율처럼 여겨지고 있다. 아버지의 역할에 대해 제대로 배우지 못하고, 알지 못한 채 아버지가 된 사람들이 자신의 아버지가 했던 방식으로 여전히 가족을 대한다.

시대가 바뀌었음에도 권위주의적인 역할을 하는 아버지가 여전히 많다. 무슨 말만 하면 혼부터 내려고 하고, 고함부터 지른다. 그러다 보면 가족들로부터 소외와 무시를 당하게 될 수밖에 없다. 그리고 그런 아버지와는 더 이상 대화하지 않고, 심지어는 같은 식탁에조차 앉으려 하지 않는 자식들이 생길 수밖에 없다.

아버지를 완성시켜주는 것

아버지는 '아버지'라고 불러주는 자녀가 있어야 비로소 완성된다. 폭력의 대명사, 고함의 대명사, 불통의 대명사가 되어버린 아버지는 더 이상 아버지가 아니다. 간혹 아버지를 아버지라고 부르지 않고 '○새끼'라고 입력해놓은 아이들도 있다. 그럼에도 '아빠'라고 부르는 것은 돈을 얻어내야 하기 때문이라고 말한다. 이것은 아버지라는 호칭 이면에는 더 많은 의미가 숨어 있다는 뜻이다. 어떤 이는 아버지를 생각하는 것만으로 눈물이 나고, 용기가 생긴다고 말한다. 그 사람들에게 아버지가 어떤 존재였는지 물으면 자신을 격려해주고, 기다려주는 따듯한 존재였다고 말한다.

스물다섯 명의 아버지들과 함께 '아버지 학교'를 운영했던 적이 있다. 그때 아버지가 된 이들이 기억하는 아버지상 역시 다양했다. 아버지가 그립고, 보고 싶고, 다시 손이라도 잡아보고 싶다고 말하는 이들에게 '아버지'는 기다려주는 존재, 묵묵히 참아주는 존재, 언제나 자식의 편이 되어주었던 아버지였다.

반대로 아버지처럼은 살고 싶지 않다고 말하는 이들에게 '아버지'는 화내는 존재, 무서운 존재, 폭력을 쓰고, 문제가 생기면 해결보다는 원인만 찾는 사람이었다. 문제는 많은 이들이, 자신들이 경험한 아버지의 모습과 비슷한 삶을 살고 있다는 것이다. 아버지 학교에 모인 스물다섯 명의 아버지들이 그들의 아버지를 그리워하며 흘린 눈물의 양은 비슷했지만 그 색깔과 의미는 모두 달랐다.

하지만 혹시 다시 아버지를 만날 수 있다면 아버지에게 듣고 싶은 말이 있느냐고 물었을 때 이구동성으로 터져나온 말은 "사랑한다. 고맙다. 미안하다"였다. 이는 기준 씨와 기준 씨의 아버지를 비롯한 수많은 아버지들에게 던지는 메시지가 되지 않을까 싶다.

가족을 위한다며 일만 해온 아버지

기준 씨 아버지는 가족을 위해 일에만 모두했고, 그 덕분에 먹고사는 것에는 지장이 없었지만 그것보다 더 중요한 것이 사랑과 관심, 따뜻한 위로였다는 것을 알지 못했다. 기준 씨 역시 아버지가 단 한 번이라도 자신에게 사과했더라면 지금처럼은 되지 않았을 거라고 말했다. 자신이 의절을 선언했을 때조차 그저 당당하게, 모든 원인을 기준 씨 탓으로 돌려버리던 아버지의 모습에 의절은 불가피했다고 말하는 기준 씨의 진심은 지금이라도 아버지가 "미안했다"라고 말해주는 것이라고 했다.

아버지처럼 살지 않겠다고 선언해서 더 나은 아버지가 된 아버지들도 있다. 하지만 아버지를 부정하는 것만이 나를 성장시킨 것이 아니라, 아버지가 있었기에 내가 성장할 수 있었다는 것도 생각해야 한다. 또 아버지가 하지 못했던 것을 나는 어떻게 소통하고 있는지, 얼마나 많이 표현하고 있는지를 점검해야 비로소 좋은 아버지가 될 수 있을 것이다.

고분고분한
사춘기는 독이다

착했던 민수가 변한 이유

교사 아버지와 공무원 어머니 사이에서 외동으로 태어난 민수는 초등학교 1학년 때부터 중학교 2학년까지 축구선수를 꿈꾸며 훈련을 받았다. 하지만 중학교 2학년 때 진로와 희망 직업을 적어 내는 과정에서 부모님과의 갈등이 시작되었다. 부모님은 민수가 부모님 직업 같은 교사나 공무원이 되어서 안정된 생활을 하기를 희망했고, 그러기 위해서는 인문계 고등학교에 진학해야 한다고 말했다. 만약 공무원이 싫다면 대기업에 취직해서 능력을 인정받기를 바랬기에, 민수의 생각은 묻지도 않은 채 민수가 인문계 고등학교를 가는 걸로 결정해버렸다. 그래서 민수는 어쩔 수 없이 축구를 그만두어야 하는 상황이 되었다.

민수의 인생에서 축구는 가장 큰 취미이자 특기였고, 생각만 해도 가슴 설레던 꿈이었다. 한순간 친구와 꿈을 다 빼앗겨버린 민수는 친구, 학교생활, 진로, 미래, 가족 등 모든 것에서 의욕을 상실해버렸다. 자신의 의지와는 상관없이 뒤틀리고 꼬여버린 세상을 받아들이기가 쉽지 않았다. 그렇다 보니 별일 아닌 상황에서도 욱하고 올라오는 감정을 주체하기 힘들어 몇 차례 문제를 일으키기도 했다.

축구밖에 모르고 살았던 민수는 머리로는 그러지 말아야 된다는 것을 알면서도 학교생활이 재미없었고, 교실에 앉아 있는 것도 쉽지 않았으며 이제 와서 다른 꿈을 찾기도 쉽지 않았다. 부모님은 공부가 하기 싫으면 당분간 취미 생활이라도 해보라고 했지만 남는 시간이 있어도 딱히 시간을 보낼 취미조차 없어서 하릴없이 빈둥거리거나, 텔레비전을 보는 게 전부였다.

결국 기다리다 못한 부모님이 민수를 다그치면서 제발 뭐라도 좋으니 해보라고 했지만, 민수는 자신이 하고 싶은 것을 마음대로 빼앗아버린 부모님과는 대화조차 하기 싫었고, 질문을 받는 것도 싫었다. 민수 부모님은 그동안 한 번도 부모 의견이나 생각에 'NO'라고 말한 적 없는 민수의 태도가 당황스럽기도 했지만 곧 다시 착하고 고분고분한 아들로 돌아올 것이라 믿어 의심치 않았다.

민수를 한 사람의 인간으로 존중하기

민수의 입을 닫게 만들고 성장하기를 거부하게 만든 건 환경일까? 사람일까? 아니면 민수 아버지의 말대로 단지 민수는 지금 사춘기여서 반항적인 모습을 보이는 것일까?

민수는 자신의 의지 없이 부모에 의해 좌절을 경험해야만 했다. 그래서 본인에 대한 신뢰뿐만 아니라 타인에 대한 신뢰, 세상에 대한 신뢰, 미래에 대한 신뢰도 잃어버렸다. 민수가 지금처럼 그대로 성장한다면, 과연 어른이 된 민수는 어떤 모습일까?

나는 민수의 부모님에게 청년이 된 민수를 한번 떠올려보라고 말씀드렸다. 지금처럼 부모님 두 분이 일거수일투족을 다 관여하고 결정해주는 환경에서 자라고, 부모와는 대화조차 거부하는 민수가 어른이 된 모습을 말이다. 가장 가까운 부모와도 소통이 어려운 민수의 스무 살, 스물다섯 살 그리고 서른 살은 어떨까?

엄마에게 전화해 '복사기 어떻게 사용하는 거야?'고 묻는 신입사원의 이야기는 이제 더 이상 우스갯소리가 아니다. 나와 상관없는 먼 나라 이야기도 아니다. 실제로 아이 머리 위를 빙빙 돌면서 아이의 모든 것을 결정해주고 책임져주는 헬리콥터맘, 어른이 되어서도 부모의 품 안에서 생활하는 캥거루족도 결국 아이들의 인생을 대신 선택해주고, 책임져주고 그것이 부모의 역할이라고 착각한 결과물이다. 그때는 부모가 뒤늦은 후회를 해도 아이의 유년기를 돌이킬 수는 없다. 민수를 한 인간으로서 존중하지 않고 아이의 자유의지를 꺾은 채 보내온 성장기에 대한 대가는 아마도 혹독하게 돌아올 것이다.

지랄 총량의 법칙을 위하여

김두식 교수는 《불편해도 괜찮아》(창비, 2010)에서 인생에는 '지랄 총량의 법칙'이 있다고 말했다. 아이들 인생에는 정해진 '지랄'의 양이 있고, 반드시 해소되어야 하는데, 고분고분한 사춘기를 거친 아이들은 미처 풀지 못한 '지랄'이 성인기에 찾아온다는 것이다. 뒤늦은 사춘기를 맞아 잘 다니던 대학을 갑자기 중퇴한다거나 잘 나가던 직장을 이유 없이 때려치우는 어른들이 이에 해당한다고 한다. 김 교수의 이 같은 조언은 자녀의 수강 신청을 대신 해주고, 월차를 내서 봉사 시간을 대신 채워주고, 학점에 대한 이의 신청을 위해 교수를 만나는 부모들이 반드시 새겨들어야 할 법칙이라고 생각한다.

사춘기는 어른의 축소판이 아니다. 단지 질풍노도, 반항의 시기가 아니란 것쯤은 이제 다들 이해할 것이다. 그럼에도 청소년기를 여전히 미숙한 상태로 보고 많은 것들을 대신 선택해주고, 대신 책임지려는 부모들이 있다. 진로도, 친구도, 학교도 심지어는 신발을 사는 것조차 '너희들은 아직 잘 몰라'라며 대신 선택해준다. 하지만 잘 모르는 그것 그리고 잘 모를 수밖에 없는 그것조차 아이들이 가져가야 할 인생 경험이어야 한다.

사춘기는 실수하면서 배우고, 실수 안에서 경험하는 작은 성취감을 통해 자신에 대해 긍정적인 감정을 다져가는 시기이다. 그리고 그 결과로 긍정적인 자아상과 자존감을 형성하는 시기여야 한다. 즉 이 시기는 어떤 감정이든 어떤 경험이든 충분히 누려야 한다. 그 안에서 부모의 역할을 찾는다면 아이들이 세상이라는 밭에서 실컷 뒹굴다 돌아왔을 때 '잘 놀았어?'라고 물어봐주고, '어디 다친 데는 없어?'라고 살펴주는 것이다.

실수에서 선물을 얻게 하자

어른들이 아이들의 이해할 수 없는 호기심과 활동성 그리고 좌충우돌 겪는 실수는 성인이 된 후 마주치는 여러 가지 문제 앞에서 당황하지 않고 문제를 바라볼 수 있도록 해준다. 또한 해결하기 위해 정보를 모으고 선택하는 데 있어 여유를 키워준다. 하지만 많은 청소년들이 '부모님 말 잘 듣는 아이'로 살면서 자신이 누구인지, 무엇을 하고 싶어 하는지 알지도 못하고 관심도 없다. 그래서 이루고 싶은 꿈도 없고 할 줄 아는 것도 없다. 몇몇 아이들은 성인기까지 살고 싶지 않다고 말하기도 한다.

상담실에서는 그런 아이들에게 민수 부모님처럼 '뭐라도 좋으니 제발 하라'고 사정하는 모습을 심심찮게 볼 수 있다. 공부하라고 말하지 않을 테니 제발 학교 졸업만 해달라고 싹싹 비는 엄마도 있고, 돈이 얼마가 들어도 좋으니 뭐라도 배워보라고 말하는 아빠도 있고, 제발 죽고 싶다는 말만 하지 말라고 온 가족이 애원하기도 하지만 아이들은 반응을 보이지 않는다.

문제가 생겼을 때 해결하기 위해서 아이들은 살아온 경험치를 활용하게 된다. 떡볶이만 먹어본 아이와 다양한 메뉴를 먹어본 아이 중에 더 많은 음식을 알고, 더 다양한 맛을 경험해본 아이는 누구일까? 당연히 후자이다. 그런데도 부모들은 아이들에게 한 가지만 먹으라고 강요하고, 한 가지만 먹을 것이 아니면 처음부터 고르지 말라고 윽박을 지른다. 그래서 아이들은 고르지 않기로 한 것이다. 고르지 않는 게 고르고 난 뒤에 혼나는 것보다 훨씬 안전하기 때문이다. 자신이 고른 음식에 대한 책임으로 평생 다른 음식은 쳐다보지도 못한 채 그것 하나만 먹어야 된다는 부담을 안 가져도 되니까. 그리고 잘못 골랐다고 해도 책임지지 않아도 되니까 말이다.

평생 떡볶이만 먹을 수는 없다

어린 시절 하루가 멀다하고 꿈이 바뀌고, 모터라도 달린 듯 여기저기 기웃대고 뛰어다니던 호기심과 열정은 다 어디로 가버린 것일까? 주입식 위주의 교육 때문일 수도 있다. 줄 세우기식 교육으로 상대적 박탈감과 상실감을 경험해서일 수도 있다. 하지만 진짜 문제는 아이들을 여전히 미숙한 존재로 보고 대신 선택해줘야 직성이 풀리는 노파심과 걱정과 불안이 많은 부모이다.

많은 부모들이 민수 아빠와 같다. 아이들이 무언가를 해보기도 전에 너는 이래서 안 되고, 저래서 안 된다고 하면서 하루에도 몇 번씩 굳이 마주하지 않아도 되는 부족한 것들을 아이 앞에 차려놓는다. 그리고 부모가 차려놓은 것들을 아이들이 군말 없이, 기꺼이 감사해하면서 받아먹기를 바란다.

하지만 고분고분함의 다른 의미를 혹시 생각해본 적이 있는지 묻고 싶다. 고분고분하다는 것은 자신을 드러내지 못한다는 뜻이다. 자신이 무엇을 느끼는지 못한다는 것이고, 무엇을 하고 싶은지 알지 못한다는 뜻이다. 그리고 가끔은 부모를 속이기 위함이며, 문제가 생겨 무기력해졌다는 의미이기도 하다. 또는 부모와는 대화를 하지 않겠다는 거부의 의미이다.

부모는 이제 진짜 선택을 해야 한다. 꿈을 찾고, 진로를 정하는 것이 분식집에 들어가서 메뉴를 고르는 것보다 어렵다는 것은 누구나 안다. 그렇다고 해서 아이들의 선택이 분식집에서 메뉴를 선택하는 것과 크게 다르지도 않다. 경험을 통해 자신의 적성이나 특기가 무엇인지 확인하고, 재미가 없다면 다른 걸 해보면 되는 것이다. 그리고 아이들은 충분히 다른 것을 선택할 권리가 있고, 새로운 선택에 적응할 능력도 있다.

떡볶이를 좋아하고 먹고 싶다고 해서 평생 떡볶이만 먹는 사람은 없다. 그런데 부모는 아이가 어떤 분야든지 하나의 관심사를 찾으면 그것을 평생 하기를 바라고, 그것을 포기하는 순간 실패한 인생이라고 낙인찍으며 아이에게 기어이 상처가 되는 말을 던지고 만다.

"거봐라, 엄마 말 안 듣더니 이렇게 됐잖아. 이젠 어떡할 거야?"

"네가 하는 게 그렇지 뭐. 이래서 너를 못 믿는 거야!"

"그냥 엄마가 시키는 대로 했으면 벌써 성공했을 거야. 너 때문에 너무 속상하고 창피하다."

아이들에게 이런 비난은 절대 하지 않아야 한다. 아이들은 맛없는 떡볶이를 먹었을 때보다 떡볶이가 맛없는 것을 아이 인생의 실패로 가져가는 부모의 말과 행동에 좌절하게 된다.

왁자지껄한 사춘기를 보내기 위해서는 무엇보다 기다림이 필요하다. 아이 스스로 페이스 조절을 하면서 언덕을 만났을 때는 천천히 무리하지 않고 갈 수 있게 기다려주고, 내리막에서는 속도 조절을 잘해서 넘어지지 않도록 격려해주어야 한다.

기다리자. 아이들이 선택할 때까지. 그리고 아이들이 선택했을 때는 과정을 지켜봐주자. 마지막으로 결과 앞에서는 겸허해지자. 아이들의 경험을 격려해주자.

회복탄력성 키우기

인생에서 '문제'는 별매품이 아니다

우리네 삶은 끝없는 시련과 어려움이 기다리고 있기에 불교의 창시자인 석가모니는 인생을 '고통의 바다'에 비유했고, 오스트리아 출신 의사인 빅터 프랭클(Viktor Emil Frankl)은 이렇게 고통스런 삶을 딛고 일어나 앞으로 나아가게 만드는 것은 자신이 왜 살아야 하는지 그 이유를 가슴에 품고 있을 때 가능해진다는 로고테라피(logotherapy, 의미치료)를 개척했다. 그리고 삶이 무엇인가를 해주길 기대만 할 것이 아니라 삶이 우리에게 무엇을 요구하는지 생각해 봐야 하며, 삶에서 얻을 것을 기대하지 말고, 삶을 위해 무언가를 선택하는 것이 현명한 삶이라고 했다.

삶에 있어 문제, 어려움, 상처, 고독은 '별매품(별도 판매 상품)'이 아니라 삶의 '본품'이다. 그리고 인생을 산다는 건 매 순간 내 의지와는 상관없이 일 또는 관계에서 닥쳐오는 문제를 해결해나가는 과정이다. 문제를 해결하기 위해 직접 또는 간접적인 지식을 습득하고, 실수를 하고 다시 도전하는 과정에서 지혜를 얻고, 그것을 나만의 노하우로 만드는 것이 나를 조금 더 나은 사람으로 빛나게 하는 자원이 되어준다. 그러므로 문제를 잘 해결하는 사람과 그렇지 못한 사람은 인생관이나 삶을 대하는 태도에서도 차이를 보이게 된다.

그런데 같은 문제여도 누군가는 해결할 수 있다는 희망에 더 비중을 두는 반면 또 누군가는 해결되지 않을 거라는 불안감은 당연하고 문제 자체에 잠식당한 채 해결에 대한 동기나 의지조차 상실해버리곤 한다. 이런 결과는 단지 관점의 차이, 가치관의 차이라고만 말하기는 어렵다. 이러한 어려운 문제에 맞닥뜨렸을 때 해결하는 능력을 '회복탄력성'이라고 하는데, 회복탄력성이 큰 사람과 부족한 사람들에게 이런 상반된 모습을 볼 수 있다.

온전한 내 편이 되어준 적 없는 엄마

중학교 때부터 어울리던 친구들과 같은 고등학교에 가게 된 혜지는 왕따에 대한 고민을 해본 적이 없었다. 자신의 이야기라면 항상 귀 기울여주고 관심을 주는 친구들이 있었기 때문이다. 그런데 고등학교 1학년 2학기 때 그룹 과제 역할을 정하는 과정에서 갈등이 생겼다. 평소같으면 그냥 웃고 넘길 수 있는 일이었기에, 하룻밤 지나면 괜찮아지겠지 하는 안일한 마음으로 있었는데, 사소한 갈등에 오해까지 더해지면서 어느새 되돌릴 수 없는 상황이 되어 버렸다. 기다리다 못해 며칠이 지난 뒤 친구들에게 톡을 보내고 안부를 전했지만 아무도 대답조차 없었고, 이후 친구들의 공격까지 받게 된 혜지는 서운함과 배신감에 엄마에게 상황을 이야기했다.

엄마는 학교 선생님에게 이 문제에 대해 의논했고, 그 결과 친구들에게 사과 편지를 받을 수 있었지만, 결국 혜지는 학교를 그만두게 되었다. 친구들의 입을 통해 듣게 된 자신에 대한 평가, 친구들이 갖고 있었던 자신에 대한 이미지가 '이기적이고, 제멋대로인, 잘난 척하고, 재수 없는 아이'라는 것을 알게 되자 그 충격으로 혜지의 모든 것이 마비된 것이다.

엄마는 이럴 때일수록 더 공부를 열심히 해서 잘난 척이 아니라 진짜 잘난 것이고, 제 멋대로가 아니라 혜지의 의견이 100% 맞다는 걸 증명해야 한다고 했지만, 혜지는 책상 앞에 앉아 있어도 아무것도 할 수 없었고, 자신이 맞다고 생각했던 것들조차 더 이상 확신이 서지 않았다. 게다가 부모님은 문제가 발생하자 공식적으로는 혜지 편이 되어서 적극적으로 혜지 편을 들어주는 듯했지만, 집에 와서는 원인이 혜지에게 있다고 몰아붙이며 친구들과 갈등이 생긴 혜지 본인보다 더 힘들어하고 괴로워했다.

"네가 좀 참고, 양보하고 그랬으면 친구들이 너한테 왜 그랬겠어? 이제 학교를 어떻게 다닐 건데? 여기저기 소문 다 나고, 학원에서도 금방 알 텐데…. 그러면 네가 어딜 가든 '왕따'라는 꼬리표가 붙을 거란 말이야. 어쩔 거냐고. 친구들한테 잘난 체는 왜 한 거야? 뭐 잘난 게 있다고."

뿐만 아니라 혜지가 사과 편지를 받고 아이들과 화해를 했다고 전하자 "그게 진심일 것 같아? 학교에서 선생님이 시키니까 억지로 한 거지. 너 같으면 안 그러겠니? 자신을 곤란하게 한 친구를 뭐 이쁘다고 또 보고 싶겠어. 넌 참 속도 없다"라며 혜지를 궁지로 몰았다.

엄마가 그렇게 반응할 때마다 혜지는 세상이 무너지는 것 같은 슬픔과 속상함을 느꼈지만 그런 감정마저도 솔직히 표현할 수 없었다. 감정은 뭔가를 잘했거나, 자격이 있는 사람만이 표현하는 것이라고 어릴 때부터 배웠기 때문이다. 엄마는 혜지가 속상해서 울 때도 "뭘 잘했다고 우니?"라고 했고, 화가 나는 일이 있어도 "네가 화낼 자격이 있어?"라며 감정을 묵살해렀던 것이다.

발달 과정에서 무엇보다 친구 관계가 중요한 시점에 친구들로부터는 외면을 당하고 엄마까지 혜지를 나무라고 있으니, 혜지로서는 친구들과의 관계 회복을 위한 에너지를 끌어올 곳이 없었던 것이다.

문제보다 더 큰 문제

동물들은 문제에 직면하면 동결 반응을 보인다. 마치 죽은 것처럼 몸이 굳었다가 다시 깨어나는 것인데, 이때 깨어나지 못하면 그대로 죽기도 한다. 이렇듯 '죽느냐 사느냐'로 문제를 판단하는 것은 우리 뇌의 생명 기능을 담당하는 뇌간, 즉 '파충류의 뇌'의 역할이다. 그리고 '싸울까? 도망칠까?'로 구분하는 '포유류의 뇌'는 문제가 생기면 싸울지 도망칠지를 두고 고민하게 된다. 마지막으로 '어떻게 해결할 것인가?'를 고민하는 '인간의 뇌'가 있다. 이러한 뇌의 역할들이 발달하는 데 가장 중요한 것은 부모와의 상호작용이다.

문제가 생기면 마치 인생이 끝나기라도 한 듯 아이보다 먼저 좌절하고 자책하는 부모를 보면서 아이들은 문제를 곧 '죽느냐? 사느냐?'의 문제처럼 인식하게 되고, 그에 따라 세상도 '흑백논리'의 이분법적 원리로 바라보게 된다. 그런 사람은 작은 문제가 생기는 것도 견디지 못한다. 그래서 문제가 생길까 봐 또는 자신이 문제를 해결하지 못할까 봐 걱정하느라, 결국 현실에 놓인 작은 문제조차 해결하지 못한 채 또 다른 문제를 불러오게 된다.

또는 문제 상황에서 해결을 위한 방법을 찾기보다는 누군가 다른 대상을 찾아 탓하는 것으로 해소하거나 문제가 발생한 원인에만 초점을 두는 부모들도 있다. 이런 부모는 세상은 전쟁터이니 당하지 않으려면 조심해야 한다고 아이들을 가르치게 된다. 그러다 보면 실제로는 간단한 문제인데도, 문제를 키우거나 거기에서 두 번째 세 번째 문제를 파생시켜 어려움을 겪게 되기도 한다.

문제 앞에서 부모가 취하는 방식이 중요하다

이처럼 문제가 발생했을 때 어떻게 반응할 것인가가 문제해결

능력이다. 문제해결 능력은 사람마다 다르고, 문제와 상황마다 다르다. 앞서 말했듯이 어떤 문제가 생겼을 때, 그럼에도 불구하고 정상적인 상태로 나를 이끄는 힘을 '회복탄력성'이라 한다.

하버드 의대 코칭 연구소 설립 멤버이자 국제코치연맹 공인 마스터코치인 게일 가젤(Gail Gazelle)은 《하버드 회복탄력성 수업》(현대지성, 2021)에서 '회복탄력성'이란 다양한 역경과 시련을 도약의 발판으로 삼아 더 높이 뛰어오르는 마음의 근력을 의미하며 이러한 마음 근육을 키우기 위해서는 대인 관계, 유연성, 끈기, 자기조절, 긍정성, 자기 돌봄이 필요하다고 말한다. 물론 여기에서 말하는 관계는 양보다 질을 의미한다.

또 하나 명심해야 할 것은 회복탄력성을 키우기 위해서는 문제가 전혀 없는 상태를 만들어야 하는 것이 아니라는 사실이다. 사람은 상처받고 그것을 치유하는 과정에서 성장한다. 회복탄력성은 상처와 실패에서 얼마나 제자리로 돌아오느냐의 문제다.

혜지는 문제보다 더 큰 문제를 만들어내는 부모, 온전히 혜지의 편이 되어주지 않고 오히려 문제의 원인을 혜지에게 돌리는 부모로 인해 문제를 민감하게 인지하기는 했지만 회복에 대한 능력은 키우지 못했다. 그래서 문제가 생기면 스스로 해결해보려는 노력도 하지 않고, 문제가 해결되었음에도 그 이전의 상황으로 자신을 데려오지 못한 것이다.

무지와 편견은 부모의 역할을 방해한다

부모가 해야 할 역할은 자녀의 문제를 대신 해결하는 것도 아니고, 자녀의 독립을 막는 것도 아니다. 아무리 불안하고, 걱정되고, 미덥잖고, 초조해도 아이를 기다려주고, 믿어주고, 참아주고, 버텨주어야 하는 것이다. 아이 스스로 문제를 해결하면서 살아가다가 힘들 때는 언제든지 찾아와 기대고 위로받을 수 있는 '큰 바위 얼굴'과 같은 존재가 되어야 한다.

어부를 바다로 나가게 하는 건 바다 자체가 아니라 떠오르는 태양을 등지고 부두로 돌아올 때 뱃전 가득 튀어 오르는 물고기들과 그것을 바라보는 흐뭇한 마음. 즉 만선의 꿈이다. 아이들이 스스로 꿈을 찾고, 그 꿈을 이루기 위해 바다로 나아가게 하려면 부모의 결심이 필요하다. 그리고 가장 큰 기둥이 되기 위해 결심해야 할 것은 세 가지다.

첫 번째, 문제가 아닌 것을 문제로 만들지 않기

두 번째, 자녀의 문제를 부모의 문제로 가져오지 않기

세 번째, 부모의 문제를 자녀에게 짐 지우지 않기

부모들이 알아야 하는 것은 바로 이런 것들을 알아차리지 못하는 '무지'와 '편견'이라는 사실이다. 이를 무엇보다도 꼭 기억해야 한다.

5장

아이들의 말에는 번역기가 필요하다

아이의 "NO"는 '할 말 있어요'의 다른 표현

Q. 저희 아이는 6학년이에요. 최근 들어 저랑 자주 다투게 되는데, 원인은 굉장히 사소해요. 예를 들어 엄마인 제가 무슨 말을 하거나 무슨 행동을 하면 들어보지도 않고 무조건 싫다고 하는 거죠. 일단은 들어는 봐야 하는 거잖아요. 들어보지도 않고 싫다고만 하니까 저는 저대로 화가 나고, 결국 못 참고 화를 내게 되는데, 제발 싫다는 말 좀 안 했으면 좋겠어요.

자녀가 성장하면서 부모들이 주로 호소하는 문제 중 하나가 바로 "우리 아이가 달라졌어요"이다. 착하고, 말 잘 듣고, 엄마 말이라면 죽는 시늉까지 하던 아이가 언젠가부터 엄마 말이라면 콩으로 메주를 쑨다 해도 믿지 않고, 어느 땐 들으려고도 하지 않는다는 것이다. 그래서 이런저런 이유를 찾아보다가 결국 상담실의 문턱을 넘어오게 된다. 그렇다면 그 착했던 아이가 왜 달라졌을까? 이유는 많겠지만 몇 가지를 추려보자.

첫 번째는 가치관이 너무 확고한 부모님 때문에 그동안 목소리를 내지 못하다가 이제야 조금씩 자신의 목소리를 내는 경우이다. 준희 엄마도 자신의 틀이 굉장히 견고한 사람이었다. 자신이 한번 해야 한다고 생각하는 것은 하늘이 두 쪽 나도 해야 했고, 자신도 지금까지 그렇게 살아왔다. 하지만 자녀는 부모의 분신이 아니다. 부모에게서 육체는 부여받았지만 영혼은 별개인 존재임을 알아야 한다. 엄마의 목소리가 힘을 받는 때는 규칙과 질서를 배우는 초등학교 저학년까지 정도이다.

두 번째는 자녀가 사춘기에 접어들어서인 경우이다. 사춘기는 그동안 진리라고 믿었던 것들에 도전해보고, 당연하다고 믿었던 부모님의 것을 나에게 맞게 수정해나가는 시기이다. 그러니 부모님 입장에서는 아이가 반항한다고 보일 수밖에 없다. 하지만 이 시기에 자녀가 '나'에 대해 고민하지 않으면 평생을 자신이 누군지 모른 채 살아가게 된다. 아이들이 싫다고 말하는 것을 부모에 대한 도전으로 여기지 말고, 스스로 선택하고 결과에 책임지려는 시도로 보아줘야 한다.

세 번째는 말 그대로 싫어서이다. 여러 상황에서 문제가 생겼을 때 부모님들이 이구동성으로 아이들에게 확인하는 것이 있다.

"네가 싫다고 똑바로 말은 했어?"

타인에게는 싫다고 똑바로 말하라고 하면서 정작 싫다는 표현을 했을 때 '그래? 이게 싫었구나'라며 수용해주지 않고 "싫기는 뭐가 싫어! 엄마가 하라면 그냥 해!"라고 말하는 것은 부모 스스로 주관 없이 흔들리고 있음을 증명하는 것이나 다름없다.

준희 엄마의 경우 그동안 준희의 모든 일상을 사랑이라는 이유로 통제하고 조절해왔다. 친구에서부터 먹는 음식까지, 준희의 의견은 듣지 않은 채 돈가스가 먹고 싶은 아이에게 청국장을 들이밀고, 그만 먹고 싶다는 아이에게 몸에 좋으니까 더 먹어야 한다며 기어이 두 숟가락을 삼키게 했던 것이다. 그래서 더 이상 '인큐베이터 호박'으로 살 수 없었던 준희는 "NO"를 외치는 것이다.

엄마의 말을 들으면 그게 어떤 것이든 싫어도 해야 하니까 처음부터 듣지 않으려 하는 것이다. 그래서 장소를 불문하고 준희 엄마가 "준희야!"라고 부르기만 해도 "싫어!"를 외치고, 자신의 모든 삶을 통제하는 엄마에게 '이제 그만 날 좀 내버려주세요'라고, '더 이상 엄마를 밀어내고 싶지 않고, 미워하고 싶지 않아요'라고 호소하는 것이다.

'모르겠어요'는
시간이 필요하다는 의미

Q. 우리 애 입에 곰팡이 폈나 확인하고 싶어서 왔어요.

이 한 마디만으로도 건이 엄마와 건이의 갈등 요소가 어떤 건지 알 수 있었다. 건이는 어릴 때는 너무 개구쟁이에다 호기심도 많아서 길가에 떨어진 나무막대기도 그냥 지나치지 못했고, 이상한 것을 다 주워서 집으로 가져오는 바람에 혼이 났는데, 지금은 그런 행동을 하지 않는데도 어릴 때보다 더 많이 혼이 났다.

건이 엄마가 건이를 혼내는 이유는 한 가지였다. "제발 대답 좀 해!"라고 건이 엄마가 입에 달고 살 정도로 아무런 대답을 하지 않고 입을 닫아버리는 버릇 때문이었다. 그러나 건이의 입은 엄마가 다그칠수록 더욱더 굳게 닫히곤 했다. 건이 엄마는 건이를 키우면서 보람이나 기쁨보다 답답함을 가장 많이, 자주 경험했다. 힘들거나, 아프거나 기쁠 때나 건이는 감정이나 생각을 말로 표현하지 않았다.

건이 엄마는 굉장히 호방하고 직설적인 스타일이었다. 문제가 있어도 '안 되면 말지'라고 생각하면서 담아두지 않는 성향이어서, 별로 스트레스를 받을 일 없이 살았는데, 자신과 성향이 너무 다른 아이를 만나면서 문제가 생기기 시작했다.

질문을 하면 답이 바로 나와야 하고, 할 일이 있으면 미루지 않고 즉시 해버리는 건이 엄마와 달리 건이는 질문을 하면 질문한 사람의 의도를 생각하고 어떤 답을 해야 상대방이 만족할지를 생각했다. 그렇다보니 대답이 늦을 수밖에 없었다. 게다가 무언가를 새롭게 시작하는 데 있어 다른 사람보다 더 많이 긴장하고 위축되는 성향이고, 무언가를 시작하려면 그 문제에 대해 충분한 이해와 지식을 준비하려다 보니 엄마의 눈에는 모든 것이 너무 늦다고 보일 수 있었다.

하지만 건이의 성향을 모르는 엄마는 건이를 기다려주지 못하고 "응? 응? 알았냐고?"를 반복했고, 그때마다 건이는 언제나 "잘 모르겠어요"라고 답할 수밖에 없었다. 그러면 건이 엄마는 다시 "모르긴 뭘 몰라? 뭘 모르냐고?"라며 다시 건이를 다그쳤고, 문제에 또 새로운 문제를 얹어 받은 건이는 더 당황해서 "모르겠어요"라고 대꾸만 하다 결국 시도조차 하지 않게 된 것이다.

건이는 기질상으로도 위험 회피가 높고 사회적 민감성이 높아서, 일보다 관계를 중요시하고 문제해결에 있어서도 최대한 안전을 추구하는 성향이었다. 따라서 행동이나 반응이 늦을 수밖에 없었다. 게다가 성격적으로도 내향형이 분명해, 말보다는 글이 편했다. 건이에 대해 전혀 알지 못했던 엄마는 매 순간 자신의 방식대로 아이에게 대답과 행동을 강요하고, 생각과 행동까지 통제하려 했던 것이다. 건이 엄마가 느끼는 답답함만큼이나 건이 또한 답답함을 느끼고 있었고, 자신의 성향을 부정하는 엄마로 인해 정체성이 제대로 형성되지 못하고 있었다. 그러나 어느 정도의 시간이 주어지자 어떤 달변가보다 자신의 생각을 잘 표현해냈다.

"너도 네 얘기를 하고 싶었을 텐데, 엄마가 기다려주지 않아서 많이 서운하고, 억울했겠구나."

이렇게 건넨 나의 한마디에 닭똥 같은 눈물을 뚝뚝 떨구던 건이에게 그동안 애 많이 썼다고 위로를 해주었다. 건이 엄마에게 이수지 작가의 《파도야 놀자》(비룡소, 2009)를 추천하면서 아이들의 "모르겠어요"는 '시간이 필요하다'는 뜻임을 전달해주었다. 부모는 아이를 기다려줄 수 있어야 한다. 아이들에게는 그들만의 언어가 있다. 부모는 내 아이의 언어가 어떤 뜻을 함축하고 있는지 포착해내고 이를 해석해야 할 의무가 있다. 그런 역할은 부모만이 해줄 수 있고, 또 해주어야 한다. 자기 아이의 언어를 해석하지 못한다면 부모와 자녀 사이에 놓인 강폭은 점점 넓어져, 어느 순간 한달음에 강 저편으로 건너가지 못할지도 모른다.

게임에 빠진 아이는 '다른 무엇'이 필요하다

Q. 저희 아이가 이제 중학생이 되는데, 너무 게임에만 빠져 있는 것 같아요. 그래서 최대한 게임을 못 하게 하려고 학원도 보내고, 심부름도 시키고, 일부러 밖으로 나가기도 하는데, 밖에 나가서도 게임 생각밖에 안 하고, 학원에서 오면 숙제부터 하는 것이 아니라 게임부터 해요. 그런 모습이 보기 싫어서 야단치면 심하게 화를 내고, 그나마도 아무것도 안 하려고 하니 혼을 낼 수도 없고, 너무 힘들어요.

한국은 누가 뭐라 해도 세계 1위의 IT 강국이다. 집마다 인터넷이 깔려 있고, 어디서든 무료 와이파이를 쓸 수 있으며 국민 모두가 이동전화를 보유하고 있다. 2019년 미국 시장조사기관 퓨 리서치(Pew Research)가 27개 국가를 대상으로 조사한 스마트폰 보급률 비율을 보면 우리나라가 무려 95%의 대상 국가 중 1위인 것을 알 수 있다. 이는 선진국들의 평균값인 76%보다 20% 높은 결과다. 또한 2022년 3월 국가통계포털 KOSIS에서 조사한 바에 따르면 우리나라의 무선통신서비스 가입자 현황이 2월 기준, 55,455,781회선인 것을 알 수 있다. 이는 1인당 1대 이상의 이동전화를 갖고 있다고 해석될 수 있다.

이렇듯 요즘 아이들은 태어나자마자 스마트폰을 접하고, 스마트폰을 통해 놀이뿐만 아니라 말과 사회성까지 배우고 있다. 아이를 키우는 가정에서는 시현이처럼 하루 종일 게임만 생각하는 자녀 때문에 갈등이 생기는 상황을 흔히 볼 수 있다. 부모들도 어느 순간부터 스마트폰은 가까이해서는 안 될 유해 물질처럼 간주하고, 아이에게 금지하게 된다. 화합과 친목을 다지고 안정감을 채워주던 집이 이제는 어떻게든 게임을 하려는 사람과 어떻게든 게임을 못하게 하려는 사람의 신경전이 벌어지는 곳으로 변해버린다.

그렇다면 왜 시현이는 게임에 빠져 지내는 것일까? 그리고 게임을 줄이기 위해서는 어떤 방법이 필요할까? 게임에 빠진 아이는 크게 둘로 나눌 수 있을 것이다. 게임 자체가 재미있고 좋은 아이와 게임밖에 할 게 없는 아이. 게임을 좋아하고 잘하는 아이라면 부모가 해야 할 첫 번째 과제는 아이가 좋아하는 게임이 어떤 게임인지 알고, 같이 즐길 수 있어야 한다. 같이 게임을 하면서 아이가 어떤 것을 경험하고 있는지 이해하고, 게임에서 경험하는 것들을 현실에서도 느낄 수 있도록 환경을 조성하여 게임에 대한 통제력과 자제력을 키워나갈 수 있게 도와주면 된다.

다만 이때 유의해서 살펴볼 것은 아이들이 자기 수준에 맞는 게임을 즐기고 있는지의 여부이다. 혹시 게임을 가장한 도박을 하고 있는 것은 아닌지도 살펴봐야 한다. 실제로 아이들이 경험해본 도박의 영역에는 '가위바위보', '사다리 타기', '게임 승률 맞히기' 등 다양한 것들이 포함되어 있었고, 아이들은 돈을 버는 수단이 어른보다 빈약하기 때문에 원금에 대한 갈망이 어른보다 더 크다. 그래서 실제로 도박을 위해 돈을 빌리거나 갚지 못해서 학교폭력이나 협박 등 2차 범죄로 빠져드는 경우도 상당히 있다.

다음은 게임밖에 할 게 없는 아이이다. 맞벌이로 바쁜 부모님과는 하루에 한 번 얼굴 보는게 전부이고, 지금은 코로나19로 그나마 친구들과 소통할 수 있었던 학교도 못 가게 된 상황이다. 놀이터에 나가봐도 또래들 모두 어른보다 더 바쁜 일상을 보내느라, 그림자도 볼 수가 없다. 그러니 허전함과 무료함을 달래기 위해 게임을 하게 되는 것이다. 게임을 하면서 여러 사람과 소통하고, 아이템을 얻으면서 성취감을 경험하고, 레벨이 높아질 때마다 우월감을 경험할 수 있기에 점점 더 빠져들게 된다. 현실에서는 마음대로 되는 것이 별로 없지만 가상 세계에서는 마음만 먹는다면 어른보다 더 높은 권력을 쥐고 휘두를 수도 있고, 원한다면 누구와도 친구처럼 대화를 할 수 있으니 말이다. 그러니 게임을 그만해야 한다는 건 알지만 그만둘 수가 없는 것이다.

이런 아이에게는 현실에서 성취감을 느낄 수 있도록 해주는 것이 필요하다. 식물을 키우거나 좋아하는 동물을 키우게 하는 방법이 가장 좋고, 시간 날 때마다 미디어가 없는 곳에서 자연을 체험할 수 있도록 해야 한다. 산책, 캠핑, 등산, 낚시 등 미디어와 떨어진 곳에서의 체험들이 아이를 현실로 데려올 수 있다.

그러나 막상 방법을 갈구하던 부모들에게 스마트폰이나 미디어와의 단절을 위한 최고의 방법으로 자연이나 식물을 제시해보면 시큰둥한 반응이 돌아오는 경우가 많다. 개를 싫어하고, 털 알레르기가 있고, 돈이 많이 들고, 귀찮고, 일 다녀오면 씻고 쉬기 바쁘고, 주말에는 다른 스케줄이 있어서 아이랑 보낼 시간이 없고, 겨울이라 추워서 안 되고, 여름에는 더워서 안 되고… 해야 할 분명한 이유를 제시해도 하지 않아야 할 스무 가지 이유를 찾아서 상담사를 설득하려 든다. 그러면서 다시 요구한다.

"뭐 다른 방법 없을까요?" 그러나 이처럼 부모 본인이 듣고 싶은 대답만을 듣겠다는 식의 태도는 게임을 그만하라고 아무리 얘기해도 듣지 않는 아이와 크게 다르지 않다고도 할 수 있다. 게임에 빠진 아이는 부모에게 '관심'이 필요하다고 말하고 있는 것이다. 시간을 내 아이와 자연을 찾고 동식물을 기르는 등 현실 세계에서의 다양한 활동을 함께하면서 사랑과 관심을 보여주는 것이 가장 큰 도움이 될 것이다.

'귀찮아'라는 말에 숨어 있는 상처받은 자존감

Q. 우리 애가 이제 고2가 되는데, 공부를 안 해요. 아르바이트도 안 한다, 대학도 안 간다 하고, 그래서 그럼 집안일이라도 도우라고 했더니 그것도 귀찮다면서 방문을 쾅 닫아버립니다. 그 꼴을 보고 있자니 화병이 날 것 같아요. 도대체 왜 이러는 걸까요?

혼자 상담실을 찾은 지현이 엄마는 한 시간 동안 지현이에 대한 호소를 철 지난 이불 빨래처럼 끝없이 늘어놓았다. 지현이 엄마는 말이 많고 빨랐다. 지현이에 대한 얘기를 듣다가 궁금하거나 분명히 확인해야 할 것들이 있어 질문을 하면, 나의 질문이 채 끝나기도 전에 "아니요"라며 일단 부정하면서 타인의 말을 끊었다. 지현이 어머니는 성급함, 모든 상황을 본인이 통제하려는 강한 욕구가 보였다.

지현이를 낳고 처음 부모가 되었지만 아이의 발달, 육아, 결혼에 대해 아무것도 몰랐던 지현이 엄마는 지현이의 모든 행동에서 문제점을 발견해냈고, 그것을 기어이 문제로 만들어버렸다. 예를 들어 지현이가 세 살이 되기 전 이곳저곳을 누비고 다니며 음식을 흘리는 모습을 보고는 '주의력결핍 과다행동장애(ADHD)'를 의심해서 병원에 데려갔고, 크게 염려하지 않아도 된다는 의사에게 "진짜 괜찮아요? 선생님이 책임질 수 있어요?"라고 거듭 질문을 던져서 기어이 의사로부터 "주의가 조금 산만하고, 충동성이 생길 수 있다"는 진단을 받고야 말았다.

진짜 문제는 그 이후부터였다. 지현이가 조금만 움직여도 "가만히 있어! 가만히 있으라고 했지! 너 그러면 진짜 ADHD 되는 거야!"라며 다그쳤고, 지현이 아빠도 "애들이 크면서 그럴 수도 있지"라고 말은 하면서도, 지현이가 식사 도중 고개를 조금만 돌리기라도 하면 "가만히 있어! 정신 사납게 하지 말고, 누가 ADHD 아니랄까 봐 그렇게 티를 내니!"라고 아이를 윽박질렀다.

의사의 진단보다 부모로부터 ADHD라는 진단을 받은 지현이는 눈 뜨는 순간부터 잠이 드는 순간까지, 모든 부분을 다 통제받고 검열받아야 했다. 지현이가 양말이나 신발을 신으려 할 때도 일단 화부터 냈고, 그래서 긴장을 한 탓인지 실제로 양말이나 신발을 거꾸로 신는 실수까지 하게 되면서, 지현이는 자기가 아무것도 하지 않는 것이 가장 안전하고 평화롭다고 생각하게 되어버렸다.

그렇게 아무것도 하지 않는 것이 자신과 가족에게 제일 좋고 평화롭다는 것을 배웠으며, 그저 가만히 있는 것이 곧 자신이 되어버렸는데, 그런데 이제 와서 뭐라도 좋으니 일단 해보라는 엄마를 지현이는 이해할 수 없었다. 지현이는 그런 엄마의 말이 자신을 믿거나 기회를 주기 위해서가 아니라 '또 혼낼 거리가 필요한 건가?'라고 추측하게 될 뿐이었다.

지현이처럼 아무것도 하지 않는 게 가장 안전하고 평화롭다고 느끼는 아이들이 점점 많아지고 있다. 내 아이가 남과 다를까 봐 걱정하고, 남과 달라서 뒤처질까 봐 걱정해서 오히려 아무것도 하지 못하게 만든 부모 또는 그렇게 어설프게 할 거라면 차라리 하지 말라며 대신 해주는 부모 때문에 결국 아무것도 할 줄 모르는 '어른 아이'로 자라는 것이다.

이런 부모들에게는 '실패는 곧 죽음'이라는 신념이 있다. 그리고 '사람은 완벽해야 한다'는 이분법적이고 극단적인 신념도 강하다. 그러나 이는 '비합리적인 신념'이다. 이를 버리기 위해서는 본인 스스로 경험하고, 깨닫는 기회가 필요하다. 그 아이가 부족하든, 그렇지 않든, 실력과는 별개로 '그럼에도' 자신의 선택을 믿어주고 응원해주는 부모가 있어야 한다.

하지만 지현이 부모는 그러지 못했다. 부모 앞에서 지현이는 항상 부족한 아이, 문제를 일으킬 소지가 충분한 아이, 부모가 통제하지 않으면 폭발하는 아이, 그 자체가 문제인 아이였다. 그래서 매 순간 혼나고, 통제당하며 살아왔다. 아무것도 하기 싫다고 말하는 지현이는 사실 하기 싫은 것이 아니라 아무것도 하지 못하는 것일지도 모른다. 스스로 해본 적이 없기 때문이다. 이미 뭘 해도 부모를 만족시킬 수 없다는 것을 배웠기 때문에, 아무것도 시도하지 못하는 것이다. 그리고 이 사실조차 말할 수 없었다. 그래서 모든 상황에서 '귀찮다'고 말하고, 번거로운 상황에 애써 자신을 밀어넣지 않으려 하는 것이다. 그동안 시키는 대로 해보고, 시키지 않은 것도 해보았지만, 그 과정에서 남은 것은 부모가 던져준 상처밖에 없기 때문이다. "너는 부족해, 너는 모자라. 바보같이 왜 그렇게 했지? 그냥 가만히 있어"라는 말을 들으면서 받았던 상처들. 귀찮다고 말하며 숨어버리는 지현이에게는 더 이상 다칠 자존심도 없을지 모른다.

부모는 내 아이가 무엇을 선택하든 그리고 그 선택의 결과가 어떻든 선택에 박수쳐주고, 결과를 겸허히 받아들이고, 결과 앞에서 좌절하거나 환호하는 내 아이를 바라봐주는 각오와 안내와 다짐이 필요하다.

지현이에게 필요한 것은 질책이 아니라 격려이고, 비난과 평가가 아니라 따뜻한 기다림이다. '스스로 껍질을 깨고 나오면 병아리가 되지만 남이 깨주면 계란프라이가 된다'라는 말처럼 지현이 스스로 자신의 한계를 깨고 나올 수 있도록 부모는 따뜻함과 안정감을 통해 지현이를 기다려줘야 한다. 지현이는 '뭐든 제대로 못하는 아이, 부족한 아이, 모자란 아이'가 아니라 부모가 '사랑하는 아이, 기대되는 아이, 소중한 아이'이기 때문이다. 부모는 이 점을 잊지 말아야 한다.

'손톱 물어뜯는' 아이의 두려움

Q. 별짓을 다 해봤는데도 손톱을 물어뜯어요. 조금이라도 혼내려고 하면 손톱뿐만 아니라 발톱까지 물어뜯어서 피까지 나는 걸 보니 이제는 혼내는 것도 눈치가 보이고. 이 정도면 잘못됐다는 생각이 들어서요. 어쩌면 좋을까요?

열두 살 민지의 손톱은 보기 안쓰러울 만큼 얇고 마디가 자라지 못한 것처럼 뭉툭했다. 네 살 때 어린이집에 가면서부터 손톱을 뜯기 시작했는데 뜯을 때마다 혼도 나고, 다시는 뜯지 않겠다고 약속도 했지만 여전히 그 버릇은 고쳐지지 않았다. 엄마가 자신에 대한 얘기를 하는 것을 모를 리 없지만 민지는 수시로 손을 입에 가져갔다 빼는 행위를 반복했다. 내가 아프겠다고 말하자 얼른 손을 등 뒤로 숨겨버렸다.

민지뿐만이 아니다. 일곱 살 도현이도 열여섯이 된 성훈이도 손톱이 뜯겨나간 것처럼 짧고 뭉툭했다. 이 아이들에게 공통점이 있다면 불안하거나 긴장된 상황에서 손톱을 물어뜯는다는 점 뿐이었다. 하지만 특이하게도 세 명의 부모들에게서는 공통된 특징을 많이 관찰할 수 있었다.

첫 번째, 불안이 높고 근심이 많았다. 일어나지 않은 일에 대해서는 일어날까 봐 걱정하고, 예견된 사건에서는 그것을 잘 해결하지 못할까 봐 불안하고, 어떤 일이 일어났을 때는 자신이 감당하지 못할까 봐 불안해했다.

두 번째, 부정적인 자극에 예민했다. 아이들이 재밌는 것을 보고 웃을 때는 "저걸 보니까 즐거운가 보네"라는 반응은 해주지 않는데, "짜증나! 속상해! 기분 나빠! 불안해!"라는 표현에는 즉각적으로 반응하는 것이다. 이렇게 부모가 기쁘고 행복한 것보다는 슬프고 불행한 것에 더 잘 반응하다 보면 아이들은 긍정적인 것을 배울 기회도 없고, 긍정적인 감정을 느끼고 표현하는 것에 죄책감과 미안함을 갖게 되어 더 표현하지 못하게 된다.

세 번째, 평가와 비교를 자주 한다는 것이다. 아이가 무언가를 했을 때 부족하고 못한 것부터 찾아내고, 다른 사람이 어떻게 볼지 걱정부터 하면 아이는 부모 앞에서 긴장하게 되고, 하지 않던 실수를 하게 되며 그 긴장을 해소하기 위해 방법을 찾을 수밖에 없다.

네 번째, 부모가 정해놓은 기준이나 틀이 너무 높거나 완고해서 아이들의 목소리를 허용하지 않는다는 것이다. "네가 뭘 안다고 그래? 엄마가 시키는 대로 하면 돼!" "아빠가 안 된다고 했으면 안 되는 거야!"라며 아이들의 경험을 부모의 기준에 비추어 평가절하하거나 재단해버리면 아이들은 본인이 느끼는 감정과 욕구에 수치심과 굴욕감을 느끼게 되고, 감당하기 어려운 불안한 감정을 해소하기 위해 손톱을 물어뜯는 등 특정한 행동을 하게 된다.

손톱 물어 뜯기 이외에도 불안을 다스리기 위해 아이들이 하는 행동은 다양하다. 머리카락이나 눈썹을 뽑는 행위, 물건을 수집하는 행위, 물건을 버리지 못하는 행위, 숫자를 세거나 끊임없이 무언가를 확인하는 행위들도 그런 것들이다.

아이들에게 "뜯겨져나간 손톱이 말을 한다면 뭐라고 할까?" 물어보면 아이들은 "아프니까 그만 좀 해!" "넌 왜 나한테 화풀이하니?" "지금 너무 불안해, 엄마 너무 무서워" "아~ 숨 막혀, 답답해" 등으로 대답한다.

부모들은 아이가 손톱을 물어뜯는 행위에만 집중해 혼을 내고, 혼이 나는 아이들은 그 행동이 더 심해질 뿐이다. 간혹 아이를 때려서라도 손톱을 물어뜯지 못하게 하고 싶다고 말하는 부모도 있다. 하지만 손톱 물어뜯기는 그 자체가 문제가 아니라 증상일 뿐이며, 원인은 다른 데 있다. 아이는 힘들다는 호소를 온몸으로 보여주고 있다는 걸 눈치채야 한다. 왜 손톱을 뜯느냐고 다그칠 것이 아니라, 무엇이 힘든지 묻고 위로하는 것이 먼저이다. 피가 나도록 손톱을 물어뜯는 상황에서 아이들을 건져내고 구해줘야 하는 것이다.

‘엄마 아빠가 해준 게 뭐 있어!’ 뒤에 숨은 위축된 마음

Q. 아이가 성인이 되자마자 남편과 이혼했어요. 결혼 생활 내내 힘들었지만 아이를 위해서 참고 또 참았죠. 그래서 다른 사람은 몰라도 아이만은 제가 그 고생을 하면서도 왜 버텼는지 알아줄 거라 믿었어요. 그런데 아이가 저한테 “엄마가 저한테 해준 게 뭐가 있는데요?”라고 말하는 거예요.

경훈이는 잔뜩 화가 나 있었다. 엄마가 고생한 건 알고 있다. 하지만 아빠가 친구의 사업 보증을 잘 못 서서 집이 날아갈 때도 버티고, 자신이 중고등학교 때 사고를 쳐도 버티던 엄마가, 자신이 성인이 되자마자 아빠와 이혼하고 집을 나간다는 사실은 받아들이기 힘들었고, 믿고 싶지도 않았다. 엄마는 경훈이가 백일이 되기도 전에 할머니한테 맡기고 돈을 버느라 일했다. 새벽에 나가서 밤늦게 오기 때문에 경훈이는 일주일 내내 할머니 집에서 생활했다. 경훈이가 어렸을 때, 매일 할머니 손을 잡고 어린이집으로 오는 자신을 보고 친구들이 “경훈이는 엄마 없대요”라고 놀렸던 기억이 생생했다. 초등학교부터 고등학교 졸업할 때까지 내내, 참관수업이나 학교행사에도 엄마는 한 번도 참석하지 못했다. 입학식도, 졸업식도 경훈이 옆에는 할머니뿐이었다.

하지만 경훈이는 그런 것에 대한 서운함을 표현하지 않는 것이 엄마를 위하는 것이고, 또 자신을 키워주신 할머니에 대한 의리라고 생각했다. 그동안 엄마만 참고 버틴 것이 아니라 자신도 참고 버텼는데, 엄마는 이제 컸다는 이유로 자신을 버린 것이라는 생각이 들었다. 마치 버릴 때가 오기를 기다린 사람처럼. 그래서 엄마에게 해서는 안 될 소리까지 하고 말았다.

경훈이는 물질적으로 친구들보다 더 많은 것을 누렸다. 하지만 경훈이는 엄마가 사준 신발, 노트북, 옷, 가방 등을 보면 좋은 기분보다는 서러움이 밀려왔다. 엄마가 자신에게 미안할 때마다 사과의 선물로 사준 것들이기 때문이다. 경훈이는 새 신발보다 엄마가 다른 엄마들처럼 참관수업에 와주길 바랬고, 새 휴대폰보다 졸업식에 와주기를 바랬다. 부모는 입지도 먹지도 않고 아껴서 아이들을 위해 돈과 시간을 쓰고, 아이들이 행복해지기를 바란다. 하지만 부모의 노력과는 달리 아이들이 어느 날 경훈이처럼 '나한테 해준 게 뭐 있냐?'라며 원망을 토해내면 부모는 충격을 받고, 좌절하게 된다.

이렇듯 아이의 욕구와는 상관없이 부모가 줄 수 있는 것을 주면서 "나는 부모로서 할 만큼 했고, 이 정도면 충분하다"라고 말하는 부모들이 있다. 하지만 아이들은 부모가 줄 수 있는 것 말고, 자신이 원하는 것을 주어야만 비로소 사랑받는다고 느낀다. 물질적으로 많은 것을 받고 누렸지만 한 번도 엄마를 온전하게 차지해본 적 없던 경훈이는 항상 위축되고, 긴장된 상태로 커왔던 것이다. 경훈이가 해준 게 뭐가 있냐고 따지는 행동이 물질이 아닌 사랑과 관심, 격려와 위로를 바랬기 때문이라는 것을 엄마는 알지 못했다.

한 번도 내비친 적 없던 속 얘기를 다 털어놓은 경훈이는 한참 고개를 들지 못한 채 어깨를 들썩이며 울었다. 그것은 물질적인 지원이 끊겨서가 아니라 참관수업에 오지 못해도, 아빠와 사이가 나쁘고 아이들이 할머니 아들이라고 놀려도, 일주일에 하루지만 엄마와 보낼 날을 기다리며 손꼽아 기다리던 설렘을 배신당했다는 상실감이 컸기 때문이다.

"엄마가 나에게 뭐 해준 게 있냐?"고 아이가 따진다면 "내가 못 해준 게 뭐 있니?"라고 따져 물을 게 아니라 "네가 뭘 원하는지 묻지 못해서 미안해"라고 용서를 구해야 할 것이다. 아이의 위축된 마음을 녹이는 것은 돈이 아니라 오직 사랑이기 때문이다.

욕하는 아이에게 필요한 감정의 해소

Q. 저희 아이가 저한테 이제껏 살면서 한 번도 들어본 적 없는 욕을 하는 거예요. 화도 나고, 어이가 없어서 울기도 하고, 언젠가는 집에서 쫓아낸 적도 있어요. 그러면 다시는 안 한다고 사과하지만 며칠 지나면 다시 반복돼요.

욕은 의사 표현 방법도 아니고 감정표현도 아니다. 그런데 많은 사람들이 욕으로 자신의 생각과 감정을 전달하려고 한다. 그리고 언젠가부터는 아이들이 사용하는 언어에서 욕이 하나의 추임새나 접미사, 수식어, 형용사가 되어 수없이 쓰이고 있다. 어른들이 뭐라고 해도, 아이들 사이에서는 욕을 빼면 아예 대화가 되지 않는 문화가 만들어진 것이다.

하지만 그렇다고 욕을 허용할 수는 없다. 말 그대로 욕은 듣는 사람을 굉장히 기분 나쁘게 만들고, 문제를 키우는 역효과를 낳기도 하며, 때로는 그 자체로 문제가 되기도 한다. 말 한마디로 천 냥 빚을 갚기도 한다지만, 말 한마디로 천 냥 빚이 생기기도 하는 세상이다. 싸움이 시작되는 것도 실제적인 몸싸움보다는 말에서 비롯되는 경우가 더 많고, 그중에서도 욕은 그야말로 누가 봐도 '시비'를 걸 때 쓰인다.

그런 욕을 아이들이 친구뿐만 아니라 부모에게도 한다. 기분이 나쁘다고, 게임을 방해했다고, 공부를 하라고 해서, 먹고 싶지 않은 외식을 가자고 해서, 듣고 싶은 않은 잔소리를 해서 욕을 했다고 대답하는 아이들은 부모의 충격과 기함을 앞에 두고도 당당하다. 그것이 문제해결이고, 감정표현이라고 보고 배웠기 때문이다. 욕을 하지 않는 아이들이라고 해서 욕을 모르거나 못 하는 건 아니다. 다만 시간, 장소, 대상, 목적에 따라 하느냐, 안 하느냐를 조절할 필요가 있다는 것을 알며, 조절하고 있는 것이다.

부모에게 욕을 하는 지수는 이제 초등학교 3학년이다. 지수는 화난 엄마가 혼잣말처럼 하던 욕을 들으면서 컸다. 그래서 쌓인 감정을 호소하는 방법이 욕이라는 것을 자연스럽게 습득하게 되었다. 그런데 엄마도 했던 욕을 자기가 했다는 이유로 야단치고 쫓아내고, 혼을 낸다면 혼란스러울 수밖에 없다.

처음 욕을 했을 때 엄마는 지수에게 "네가 공부 때문에 스트레스를 받아서 그런가 보구나. 괜찮아, 괜찮아"라고 했다. 스트레스를 받으면 욕을 해도 된다고 허용을 하는 것 같은 상황이 되었던 것이다. 그런데 이제 와서 아이가 하는 욕이 감당할 수 없는 수준이 되자 그만하라고 하니, 지수는 그것마저도 엄마의 간섭과 통제로 느껴졌다. 욕을 하는 아이들은 몇 가지 특징이 있다. 첫째, 자신의 감정을 잘 느끼지 못하고, 적절한 단어로 표현하지 못한다. 둘째, 평소에 감정을 눌러두는 게 습관화되어 있다. 셋째, 스트레스에 취약하다.

지금은 예전보다 아이들의 발달이 빨라지고, 배움의 속도도 빨라지고 있다. 그만큼 부모들의 기대와 압박도 심해졌다. 대신 아이들이 스트레스를 해소할 수 있는 수단과 공간은 점점 줄어들었다. 스트레스에 노출되는 연령과 기회는 낮아지고 많아졌지만 해소 방법은 딱히 없는 것이다. 스트레스와 함께 성장하고 있다고도 볼 수 있다. 그러니 아이들은 스트레스 해소를 위해 뭐라도 붙들게 된다. 배고픈 아이는 비위생적이고 몸에 좋지 않다는 것을 알아도 일단 눈앞에 놓인 음식을 허겁지겁 먹게 되는 것이 당연하다. 그러니 아이들이 욕을 한다는 것은 감정 해소가 필요하고 '지금 힘들다'라는 사인이라는 것을 알아주고, 일상에서 아이들이 감정을 느끼고, 표현하고, 해소할 수 있도록 부모가 도와줘야 한다.

자해는 '살고 싶다'는 외침

Q. 저희 아이가 언젠가부터 문을 잠그고, 두드려도 안 열어주는 거예요. 사춘기니까 그런가 보다 하고 있었는데, 식사를 하다가 우연히 팔뚝에 상처가 있는 걸 발견했어요. 처음에는 막 야단도 치고, 안 하기로 약속도 받았는데, 결국 여기까지 오게 됐어요. 저러다가 아이가 죽을까 봐 걱정이 돼서 데려왔어요. 이거 자해 맞죠?

지윤이는 잔뜩 화가 난 채로 상담실로 들어왔다. 반쯤 걷어 올려진 지윤이의 팔뚝에 선명하게 남아 있는 자해의 상흔들은 말로 표현하지 못하는 수많은 사건과 감정을 대신 말해주기라도 하듯 촘촘했다. 이런 상황에서는 무슨 말로 아이와의 첫 대화를 시작해야 할까? 지윤이는 상대가 무슨 말을 하든 '당신이 뭘 안다고 지껄여!'라는 태도로 화를 내고, 반박할 것처럼 보였다. "왜 자해를 했니?" 하고 물으면 대부분의 아이들처럼 "그냥요"라고 답할 게 뻔했다. 자해를 하는 아이들 중에는 가끔 "재밌잖아요"라고 말하는 아이도 있지만, 대부분은 그냥 침묵으로 일관한다. 지윤이의 자해는 왼팔에 집중되어 있었다. 그걸 보고 나는 지윤이에게 물었다.

"지윤이 너, 오른손잡이구나?"

의외의 질문에 당황한 지윤이는 웃음을 터트렸고, 그 웃음을 따라 나 역시 웃고 말았다.

"지윤아, 너 자신으로부터 상처를 입은 네 팔이 만약에 너에게 말을 한다면 무슨 말을 할 것 같아?"

한참을 생각한 지윤이가 서서히 입을 열었다.

"그만하라고, 살려달라고…."

놀랍게도 청소년 사이에서 자해가 유행처럼 번지고 있다. 죽을 의도가 없다고 해서 '비자살적 자해'라고도 표현하지만, 심각한 자해는 자살로 이어지기도 한다. 청소년 자살이 다른 연령층의 자살과 다른 분명한 이유는 '충동적'이라는 데 있다. 아침까지는 멀쩡했던 아이가 학교에서 생긴 친구와의 갈등 때문에 자살을 선택하기도 하고, 평상시에는 사이가 좋았는데 어떤 이유로든 아빠에게 혼이 난 다음 자살을 선택하기도 한다. 또 자살은 유전되는 것이 아니지만 가족이나 친밀한 대상이 자살을 시도했거나 자살로 사망한 이력이 있다면 그것조차 하나의 방법으로 배워버리는 특성이 있다.

살아온 세월과 문제해결력은 비례할 수밖에 없다. 아직 어린 아이들의 문제해결력은 당연히 약한 데 반해 사회가 요구하는 역할이 너무 많은 것도, 아이들이 극단적인 선택을 하도록 이끄는 원인이 되기도 한다. 학교도 잘 다녀야 하고, 부모님 말도 잘 들어야 하고, 공부도 잘해야 하고, 친구도 잘 사귀어야 한다. 외모, 성격, 진로까지 어느 것 하나도 스스로 선택할 수 없지만, 그것들로부터 자유롭지도 못하다. 세상에서 유일하게 통제할 수 있는 것은 바로 '자신'이기 때문에, 통제되지 않는 세상과 타인에게 던져야 할 원망과 서운함을 자신에게 던지는 것이다. 팔목을 긋고, 약을 먹고, 몸 이곳저곳에 상처를 내면서 비로소 살아 있다는 것을 느끼고, 살려 달라고 외치는 것이다.

그런데 지윤이 부모를 포함한 많은 부모가 아이들의 마음의 상처에는 눈을 가리고, 눈에 보이는 상처에만 관심을 둔 채 "왜 그랬어?"라고 다시 아이들에게 원인을 돌리고 있다. 그리고 상처 입은 아이보다 더 크게 상처를 입은 채 세상 끝난 것처럼 몸져눕거나 우울해하거나 "너 때문에 못 살겠다"며 다시 한번 아이에게 상처의 책임을 전가하기도 한다.

지윤이도 바코드같이 흉터가 난 자신의 팔이 싫지만, 이렇게 하지 않으면 가고 싶지 않은 학교에 가야 하고, 엄마의 잔소리를 들어야 하고, 할머니의 간섭과 아빠의 비난을 모조리 감수해야 했다. 참으면 참을수록 간섭과 잔소리, 기대는 몇 배로 부풀려져서 숨통을 조여왔다. 그래서 선택한 방법이, 자신의 몸을 상하게 하면서 부모의 입을 닫아버리는 '자해'였던 것이다. 그러니 아이의 자해가 멈추길 바라고, 아이의 자해가 자살로 이어지지 않기를 바란다면 부모가 먼저 멈춰야 한다.

"학생이 학교 가는 건 당연한 거고, 공부하는 건 당연한 거야. 살 좀 빼고, 친구랑도 잘 지내고, 좋은 대학 가야 하고, 취직은 대기업 이상은 해야 해! 그게 당연한 거야!"라는 압박을 멈춰야 한다. 아무것도 당연한 것은 없다. '지금' 살아 있는 내 아이가 내일도 살아 있다는 보장은 없다. 아이들에게 역할을 부여하는 만큼, 부모 스스로도 자신의 역할을 잘하고 있는지 점검하고 되물을 필요가 있지 않을까.

'툭하면 우는' 늘 억울한 아이

Q. 우리 애는 너무 울어요. 특히 상황이 곤란해지면 말을 못하고 울기만 해서, 보고 있으면 복장이 터져요. 그래서 제발 말 좀 하라고 부탁을 해도 울기만 하는데, 이것도 병인가요?

울기만 하는 주원이가 정서적으로 문제가 있는 것은 아닌지 알아보기 위해 상담실에 온 주원이 엄마는 주원이가 얼마나 자주, 얼마나 많이 우는지를 설명했다.

실제로 주원이는 지난 일주일 동안 세 번이나 울었다. 한번은 밥 먹다가 엄마한테 "왜 그렇게 맛없게 먹니?"라는 말을 듣고 울었고, 한번은 "방학인데 하고 싶은 거 없어?"라는 대화를 하다가 울었고, 한번은 고등학교 입학을 앞두고 학교생활 및 진로에 관한 얘기를 하다가 울게 되었다.

주원이도 엄마가 진술하는 상황을 다 기억하고 있었다. 그런데 왜 울었는지 묻자 주원이는 한참 동안 입을 열지 않았다.

"괜찮아, 천천히 말해도 돼. 생각 안 나면 말 안 해도 되는데, 선생님이 너를 도와주려면 네 마음을 조금은 알아야 할 것 같아"라고 설명한 뒤 기다렸다. 5분 정도가 지나자 주원이가 천천히 입을 열었다. "이렇게 말해도 되는지 모르겠지만…."

주원이의 이 말에서 나는 주원이가 무슨 말을 하거나 결정을 할 때 주원이의 생각이나 의사와는 상관없이 부모의 '간섭'이 자주 있었다는 힌트를 얻을 수 있었다. '이 단어가 맞는지 모르겠지만'이라고 표현하는 아이들은 사용하는 단어와 순서에 대해 지적을 받은 적이 있었던 것이 틀림없다. 자신의 감정과 쓰는 단어, 말하는 순서를 스스로 검열하고 또 검열한다는 것을, 주원이가 무슨 말을 해도 엄마한테 혼이 난다는 것을 눈치챌 수 있었다. 때로는 자신을 혼내기 위한 구실을 찾으려고 엄마가 자신에게 말을 거는 게 아닌가 하는 의심이 들 정도로, 주원이에게 불만이 많았다.

"넌 왜 그렇게 말하니?"

"왜 그런 단어를 사용하니?"

"왜 그렇게 생각하니?"

"왜 그렇게밖에 못하니?"

"왜 너만 그러니?"

"왜 그렇게 웃니?"

인간이 통제할 수 있는 행동에서부터 통제하기 어려운 느낌까지도 엄마는 주원이에게 일일이 원인을 묻고, 잘못을 지적하고, 부정해버렸다. 그래서 주원이는 마치 묶어두지 않아도 도망가지 않는 사막의 낙타처럼 "말해도 괜찮아"라고 누군가 말해줘도 말할 수 없었던 것이다. 하지만 통제하지 못한 감정이 쌓이고 폭발하면서 눈물로 호소를 할 수밖에 없었는데, 주원이 엄마는 그때마저도 왜 우느냐며 몰아세웠다.

나는 주원이에게 "그동안 많이 답답했겠구나"라고 마음을 알아준 뒤 "엄마랑 소통하기 위해서 엄마한테 딱 한 가지만 부탁할 수 있다면 어떤 말을 하고 싶니?"라고 물었다. 그러자 주원이는 "기다려달라고 말하고 싶어요"라고 했다.

자녀의 앞에서 자녀를 끄는 부모가 있고, 자녀의 뒤에서 자녀를 미는 부모가 있으며, 자녀가 잘 따라올 수 있도록 방향을 제시하고 기다려주는 부모가 있다. 당연히 기다려주는 부모가 가장 이상적인 부모지만, 실제로 대부분의 부모는 기다려주는 역할을 잘 하지 못한다. 신체는 부모가 물려주지만 정서는 태어난 이후 만들어진다. 그리고 정서가 만들어지는 데 가장 중요한 환경 역시 부모에게서 비롯될 수밖에 없다. 내 아이가 감정을 말로 표현하지 못하고 알 수 없는 짜증이나 눈물로 호소한다면, 부모는 아이에게서 원인을 찾기 이전에 자신이 아이의 정서에 어떤 영향을 주는 부모인지부터 점검해야 한다.

자위는
잘못이 아니다

Q. 저희가 맞벌이라 아이 안전 때문에 집에 CCTV를 설치했는데, 학습지 선생님이 가시자마자 방으로 가더니 침대 모서리에 몸을 비비고, 바지를 내리고 성기를 만지는 걸 봤어요. 안 하기로 약속했는데도 계속하는데, 이러다 큰일 날 것 같고 어떻게 해야 할지 몰라서 왔어요.

아이들은 태어난 이후 세상과의 소통 이전에 자신과의 소통을 먼저 시작한다. 아이는 놀이 과정에서 자연스럽게 자신의 몸을 만지면서 놀게 되고 그러면서 '자위'에 대해서도 알게 된다. 민준이 엄마는 상담실에 와서 아이의 행동에 대해 "아빠가 성욕이 강해서 아이한테까지 유전이 됐나 봐요"라고 말했지만, 사실 속마음은 자위는 나쁜 것, 더러운 것이라는 이미지를 갖고 있었다. 그래서 처음 아이의 행동을 알게 됐을 때에도 혼내고, 협박하고, 때리기도 하면서 절대 하지 못하도록 야단쳤다.

그렇지만 민준이는 엄마가 그럴수록 더 자주, 더 은밀하게, 더 강하게 자위를 하게 됐다. 자위를 통해 경험한 기분이 '죄책감'이나 '수치심'이 아닌 '상쾌함'과 '즐거움'이었기 때문이다. 민준이는 자위를 들킨 뒤 엄마가 불같이 화내는 모습을 보면서 혼란스러워졌고, 결국 숨어서 하거나 자주 할 수 없어져 한번 할 때 굉장히 강한 자극을 추구하려고 비비거나 강하게 만져서 상처를 내기까지 해 2차 문제를 유발했던 것이다.

신체로 인해 알게 되는 즐거움은 나쁘거나 잘못된 것이 아니다. 다만 그런 행위로 인해 다치거나 성장에 지장이 있을까 봐 염려하는 부분을 아이에게 잘 전달하거나, 원한다면 병원 진료나 심리 상담을 통해 아이의 마음을 알고 그에 맞는 대안을 찾으면 된다. 또 성인의 자위와 아동의 자위는 엄밀히 다른 관점으로 바라봐야 한다. 유아의 놀이 중에 몸을 가지고 노는 놀이, 즉 성호르몬이 분비되는 시기인 10세 이전 아이들의 행위는 그것이 어른 눈에 어떻게 보이든, 마음에 들든 안 들든 상관없이 사랑받고 싶고 인정받고 싶은 욕구이며 기분 좋은 느낌일 뿐이다. 이 경우 아이에게는 몸이 아직 다 자라지 않았고, 잘못해서 염증이 생기면 병원에 가야 할 수도 있고, 또 자꾸 누르면 소중한 음경이 기형이 될 수도 있다고 알려주는 것이 좋고, 부모는 기본적인 영유아 성교육과 대처법을 배우면 도움이 된다. 방법은 어렵지 않다.

- 아이가 궁금해하는 부분까지 이야기해준다.
- 신체 부분에 대해서는 정확한 용어를 사용한다(음경, 음순 등)

- 기능적인 부분이 아닌 인권 존중, 생명 존중을 바탕으로 이야기한다.
- 잘 모르는 부분은 모른다고 솔직히 말하고, 책이나 전문가의 도움을 받는다.
- 성 문제는 성범죄가 아님을 인식하고 당황하지 않는다.
- 부모가 먼저 교육을 받고 아이들의 성장에 맞춰 준비한다.

또 하나 명심할 것은 남자의 자위와 여자의 자위는 똑같은 수준에서 이해되고, 용인되어야 한다는 점이다. 성교육 이전에 인권 교육이 먼저이며, 그 안에서 성인지 감수성에 대한 점검도 반드시 해야 한다. 아들이 자위하느라 공부를 소홀히 할까 봐 아들의 방문을 떼어버린 엄마, 이상한 생각을 하지 못하게 매일 108배를 시키는 엄마. 중학생 딸에게 오빠를 감시하도록 하기 위해 같은 방을 쓰게 한 엄마, 딸이 야동을 본 것을 알고 머리카락을 싹둑 잘라버린 아버지까지… 너무나 많은 부모가 성에 대해 무지하고, 성을 나쁜 것으로만 여기고 있으니, 같은 밥상 앞에서 아들에게는 성병 예방 교육을 시키고, 딸에게는 순결 교육을 시키는 오류를 범하는 것이다.

유아의 성, 아이들의 성은 어른의 성과 다르다. 어른의 눈으로 보고, 어른의 생각으로 판단하지 말고 꼭 물어보자. 그리고 내 아이가 하는 어떤 질문과 행동에도 당황하지 않고 대처하는 현명한 부모가 되도록 노력하자.

'학교 그만둘래요'에 담긴 진짜 의미

Q. 저희 아이는 이제까지 아무 문제 없이 학교에 잘 다녔고, 남들처럼 당연히 대학에도 갈 줄 알았어요. 그런데 갑자기 자퇴를 하겠다고 해서 집이 발칵 뒤집혔어요. 제가 아는 한 학교 선생님들도 하영이를 예뻐하고, 별다른 일도 없었거든요. 그래서 눈앞에 닥친 입시 때문이 아닐까 짐작만 하고 있어요. 근데 애가 아무 말도 안 해요.

하영이 엄마는 아이의 자퇴 결정이 입시 스트레스로 인한 도피성 결정이라고 생각했다. 그래서 아이의 불안한 마음을 달래주고, 어떻게든 고등학교 졸업만은 시켜야 한다며 상담실을 찾아왔다. 하지만 하영이의 결심은 이미 굳어있었고, 무슨 일이 있어도 학교에 돌아갈 일은 없을 것이라고 못을 박았다. 엄마는 하영이가 초등학교에 입학하자마자 다니던 직장을 그만두었다. 아이를 학교에 데려다주고 난 뒤 교문 앞에서 만난 또래 엄마들과 이런저런 얘기를 하다 보면 시간은 줄넘기하듯 훌쩍 지나가버렸고, 어느새 하교 시간이 되었다. 하영이도 처음에는 등교와 하교를 시켜주는 엄마가 좋았다. 하지만 학년이 올라갈수록 자기보다 자신의 친구들을 더 많이 알고, 학교 사정을 잘 알고 있는 엄마가 불편했다. 게다가 선생님들도 하영이 엄마를 잘 알고 있어서, 학년이 바뀔 때마다 선생님이 먼저 "어, 네가 하영이구나!"라고 아는 척을 하곤 했다. 어떤 아이들은 선생님이 예뻐해줘서 좋겠다고 했지만 하영이는 자신에 대해 어디까지 알고 있고, 어떤 기대를 하고 있는지 알지 못하는 선생님과 친구들 앞에서 자연스럽게 행동하고 말하는 게 쉽지 않았다.

언제나 엄마가 기대하는 모습, 친구들이 기대하는 모습, 선생님이 기대하는 모습으로 살아야 한다는 생각에 갑갑하기도 했다. 그래서 언젠가부터 점점 학교 가는 게 싫어졌다. 어느 땐 배가 아프기도 했고, 어느 땐 조퇴를 하기도 했다. 하지만 하영이가 그럴수록 엄마는 더 학교에 매달렸다. 온갖 활동을 하고, 자신의 일을 모든 선생님과 공유하면서 자신에 대한 이야기를 나누었다. 엄마는 하영이가 중학생, 고등학생이 되어서도 멈추지 않았다. 급기야 고등학교 2학년이 된 하영이가 결국 자퇴를 선언한 것이다. 남들은 오지 않는 중학교, 고등학교 입학식까지 나타나서 친구들에게 자신과 잘 지내라고 말하는 엄마 때문에 세상 둘도 없는 '마마걸'처럼 보이는 게 싫었고 또 다른 친구들이 잘못하면 그것에 대해서만 얘기하면서, 자신이 잘못하면 엄마 이야기를 들먹이는 선생님들도 싫었다.

수시로 학교에 찾아오는 엄마를 보고 친구들은 여차하면 하영이 엄마한테 찍힌다는 생각으로 하영이를 멀리했고, 지나가면서 일부러 "하영이 엄마가 우리 학교 교장이라며?"라고 뒷담화를 하는 친구들도 있었다. 처음에는 졸업만 하라고 설득하던 엄마가 자퇴를 선언한 뒤로는 다른 이유로 하영이를 말렸다. 자퇴하면 엄마도 학부모회장을 중간에 그만둬야 하고, 그렇게 되면 지역 학부모회장까지 내려놔야 한다며 설득했고, 그동안 하영이가 학교생활 잘하는 거 하나 바라보고 물심양면 애써온 엄마의 체면은 뭐가 되겠냐고 했던 것이다. 결국 모든 것을 하영이가 감당해야 할 숙제로 돌리며 엄마는 끝까지 하영이에게 상처를 줬다.

하영이를 위해 학교 활동을 했다고 하지만 하영이에게는 물어본 적도 없었고, 그것을 원하지도 않았다. 단지 학교 일을 돕는다면 하영이에게 어떻게든 이익이 되겠지 싶었던 엄마의 계산뿐이었던 것이다. 또 처음에는 하영이를 위하는 마음으로 시작한 활동이었지만 하다 보니 사람들이 자신을 회장님이라고 불러주고, 학교에서도 무슨 일이 생기면 자신에게 의견을 물어봐주니, 엄마도 그 과정에서 자신감도 생기고 자존감이 높아진 것도 사실이었다.

하영이가 학교를 가지 않겠다고 했을 때 그 속 이야기를 들어줬더라면, 어떻게든 졸업은 했을 것이다. 하지만 엄마는 끝까지 "네가 안 가면 내가 뭐가 되니?"라는 말뿐이었다. 학교생활이 어떤지, 어떤 친구와 성향이 맞는지, 어떤 부분에서 갈등이 생기고, 갈등 상황에서 무엇을 중심에 두고 문제해결을 하는지는 묻지 않고, 아이를 위한다는 핑계로 자신의 소속감과 자존감을 세운 엄마는 결국 자신의 자존감을 지키려다 하영이까지 무너뜨리고 말았다.

비단 하영이 엄마뿐만이 아니다. 많은 부모들에게는 내 아이를 누구보다 잘 키우고 싶다는 욕심이 있다. 그래서 내 아이가 야무지지 못해서, 차분하지 못해서, 친구를 잘 못 사귀어서, 선생님께 미움을 받을까 봐, 뭐라도 도움이 될 것 같다는 생각에 아이의 학교와 선생님을 찾는다. 하지만 아이가 원하는 부모는 자신보다 더 학교에 자주 오는 부모가 아니다. 학교 일을 잘 알고, 선생님과 친한 부모가 아니다. 성적으로 아이를 다른 사람과 비교하지 않고, 자신의 정서와 성장에 더 관심을 갖고 물어봐주고 이해해주는 부모를 원하는 것이다. 부모는 아이의 학교가 아니라 아이 그 자체를 바라보아야 하는 것이다. 그렇지 않으면 아이는 부모의 시야 밖으로 영영 사라져버릴지도 모른다.

자퇴를 한 하영이는 이후 검정고시를 한 번에 패스했다. 지금은 바리스타 자격증 시험에 합격하고 아르바이트를 하면서 자신이 하고 싶었던 제빵을 배우고, 관련 대학에 진학하려고 준비 중이다. 하영이 엄마는 여전히 하영이가 고등학교를 그만둔 것에 대해 본인보다 더 큰 콤플렉스를 갖고 있지만, 한편으로는 단지 학교를 다니느냐, 그만두느냐와는 상관없이 하영이가 행복을 느끼길 바랐다는 것을 배워가고 있는 중이다. 그리고 그것은 학교의 수많은 활동들과는 상관없는 일이라는 사실도 깨닫고 있다.

‘친구들 때문에 힘들어요’는 위로와 공감부터

Q. 저희 애가 친구들이랑 갈등이 생겨서 학교폭력위원회(학폭)가 열었고, 아직 해결이 안 됐어요. 그런데 저희 애는 속도 없는지 그 애들이랑 다시 놀고 있는 거예요. 그래서 어디가 부족하거나 호구 짓을 하고 다니는 건 아닌가 걱정이 되어서 왔어요.

눈에 넣어도 안 아픈 내 아이가 친구들로부터 왕따나 괴롭힘을 당하는 걸 보고 화가 나지 않는 부모는 없을 것이다. 하지만 아이가 경험한 것 이상으로 부모가 분노하고 문제를 키운다면, 아이는 그로 인해 더 힘들어지기도 한다.

친구 네 명과 주로 어울리던 주현이는 그중 한 명과 오해가 생기면서 한동안 관계가 서먹해졌고, 그 과정에서 친구들과의 문제를 엄마한테 얘기했다. 주현이가 그 얘기를 엄마한테 한 것은 위로받고 싶은 마음과 함께, 자신이 지금 인생에서 힘든 시기를 겪고 있으니 스트레스를 덜 줬으면 하는 소망도 있었기 때문이다. 하지만 엄마한테 그 얘기를 한 다음 날, 학교에 간 주현이는 본인이 원하는 것과는 다른 방향으로 상황이 흘러가고 있다는 것을 느꼈다. 가방을 내려놓기가 무섭게 선생님 호출이 있었고, 상담실에 가보니 그 자리에는 이미 다른 친구들이 와 있었다. 친구들이 주현이를 바라보는 눈빛에는 약간의 미안함과 그 이상의 원망이 가득했다.

"너희들이 주현이를 왕따시켜서 주현이 어머니가 학폭위 신청하셨어. 알고 있니?"

엄마의 목표가 선생님을 통한 중재를 넘어 학폭위까지 가서 기어이 친구들을 처벌하고 말겠다는 것이라는 사실을 알게 된 주현이는, 엄마의 추진력과 본인보다 더 높아진 분노 게이지가 놀라울 따름이었다. 그때까지는 이왕 이렇게 된 거, 이참에 자신이 그동안 얼마나 속상하고 소외감을 느꼈는지 말하고 친구들과 더 친해지는 계기가 될 수도 있지 않을까 싶었던 것도 사실이다. 하지만 궁지에 몰린 친구들은 그동안 주현이가 자신들을 얼마나 무시하고 잘난 척을 했는지 얘기하면서 '왕따는 주현이가 스스로 자초한 것'이라는 입장을 취했고, 학폭위 결과도 엄마가 원하는 수준이 아니라 서면 사과 조치 정도로 마무리되었다. 그러자 화가 난 엄마는 본때를 보이겠다며 마침내 경찰서에 고소까지 해버리고 말았다.

주현이는 스스로 피해자라고는 생각했지만 가해자가 될 것이라고 생각한 적은 없었는데, 엄마로 인해 어느새, 한때는 친했던 친구들에게 '학폭 가해자', '범죄자'라는 허물을 씌우려는 더 큰 가해자의 위치에 서게 되었다는 것을 느꼈다. 그래서 엄마한테 그만하자고 말했지만 엄마는 못된 애들은 애초에 싹을 잘라야 한다며 이를 바득바득 갈았다. 그러자 주현이는 모든 게 자기 탓이라는 생각이 들었다. 자신이 엄마한테 친구 얘기를 한 것도 후회가 되고, 친구들에게 학폭위에서 억지로 미안하다는 말을 하게 한 것도 미안했다. 이후 주현이의 학교생활은 말이 필요 없을 만큼 엉망이 되어버렸다. 친구들은 친구들대로 학교에 오거나, 조퇴를 하거나, 상담을 받으면서 그 시기를 버텨내고 있었다. 선생님은 다시 친구들과 주현이를 상담실로 불렀다. 그리고 조용히 물었다.

"너희들이 진짜 원하는 게 뭐니?"

주현이와 친구들은 이 상황이 빨리 끝나기를 바랐고, 다시 예전처럼 친하게 지내기를 바랐다. 서로가 하나씩 상처를 주고받기도 했고, 또 어떤 것이 친구 관계를 망쳤는지 알았으니 더 잘 지낼 수 있을 것 같았다. 그래서 선생님의 중재로 그 자리에서 화해하고 앞으로는 잘 지내기로 약속할 수 있었다.

그렇게 일단락되는 줄 알았지만, 집에 와서 친구들하고 화해한 얘기를 하자 엄마는 주현이를 바보 취급하면서 "네가 그러니까 왕따를 당하지"라는 말로 상처를 주었다. 자신의 아이에게 문제가 생기면 부모로서 해결해주고 싶은 욕구는 어느 부모나 마찬가지일 것이다. 그런데 친구와의 관계에서 왕따라는 문제를 경험하고 힘든 주현이에게 정작 더 큰 상처를 준 건 엄마의 태도와 말이었다.

관계에서 문제가 발생하는 것은 너무나 당연하다. 사람마다 생각, 행동, 성격, 가치관이 다르기 때문이다. 그리고 발생한 문제를 해결하는 과정에서 문제해결에 대한 자신감이 생기고, 타인의 입장과 감정을 고려하면서 사회성도 발달한다. 그리고 원만히 문제가 해결된 후 성취감을 맛보기도 한다. 하지만 부모가 문제를 해결해주면 아이들은 그 모든 것을 배울 기회를 놓쳐버린다. 문제 안에 아이를 방치하라는 얘기가 아니다. 문제가 생기면 아이가 어디까지 해결할 수 있는지, 부모가 어디까지 개입해주기를 바라는지에 대해 충분히 이야기를 나누고, 아이가 원하는 방향으로 해결해나가야 한다.

주현이 엄마는 자신이 예전에 경험했던 친구 관계 문제를 주현이에게 투사했고, 그때 힘이 없어 당하기만 했던 자신을 위로하듯 주현이 문제에 매달렸다는 것을 뒤늦게 깨닫게 되었다. 이후 상담실을 나서면서 두 사람은 서로에게 상처 주지 않는 건강한 모녀가 되기로 약속했고, 그 약속은 엄마보다 조금 더 문제해결력이 높은 주현이 덕분이었다.

"엄마도 엄마가 처음이고, 엄마한테 그런 상처가 있었다는 걸 몰랐어. 미안해, 내가 많이 위로해줄게!"

이렇게 타인의 상처를 이해하고, 아픔을 나누어줄 여유가 있는 주현이라면 앞으로 어떤 문제가 닥쳐도 스스로 잘 해결해나갈 것임을 엄마가 믿었으면 좋겠다.

먹는 즐거움을 빼앗은 '뼈말라, 개말라'

Q. 저희 애 몸무게가 43킬로그램인데 뚱뚱하다고 난리예요. 음식 자체를 아예 안 먹으려고 하고, 어쩌다가 조금만 먹어도 다 토해버려요. 이러다 큰일 날까 봐 데려왔어요.

현지는 161센티미터의 키에 몸무게가 43킬로밖에 나가지 않는다. 그런데 언제부턴가 먹는 것을 거부하기 시작했고, 그 후로 생리불순과 탈모, 손 떨림도 보이고 있다. 그런데도 살 빼는 것을 멈추지 않는다. 아니 멈추지 못했다.

요즘 아이들 사이에서 '뼈말라, 개말라'가 선호되는 몸매로 부상하고 있다. '뼈말라, 개말라'는 뼈가 보일 만큼 앙상하게 말랐거나, 너무 말라서 '개'라는 접두사가 아깝지 않은 깡마름을 의미한다. 실제로 그런 몸매 사진을 찍어 SNS에 올려 누가 더 말랐나 비교하거나, 자신이 올린 사진에 달린 '좋아요'에 성취감을 경험하기도 한다.

하지만 현지를 포함해 이런 아이들이 겪고 있는 것은 다이어트가 아니라, 명백한 '섭식장애'이다. 섭식장애는 거식증, 폭식장애 등을 포함하여 음식을 섭취하는 데 상당한 어려움이 있는 것으로, 주로 여성에게 많이 발생한다. 생리불순과 탈모, 수면장애뿐만 아니라 여러 증상을 보이고, 심각할 경우 생명이 위험해지기도 하지만, 실제로 위험 수준이 될 때까지는 심각성을 모르고 지내는 경우가 대부분이다.

현지의 거식증은 초등학교 6학년 때 시작되었다. 키가 작고 조금 통통했는데 친구들이 놀리기 시작했고, 현지 엄마 역시 "살만 조금 빠지면 귀여울 텐데"라는 말을 자주 했다. 친구들을 따라 다이어트를 시작한 현지는 살이 빠지면서부터 친구와 엄마가 자신을 대하는 태도와 눈빛이 달라지는 것을 느꼈다. 날씬해지자 여기저기서 칭찬도 많이 받았다. 그래서 조금 더 빼면 더 많은 관심을 받을 거라는 기대가 결국 현지를 거식증 환자로 만들어버린 것이다.

이외에도 아이들이 음식을 거부하는 이유는 많다. 미디어에서 마른 몸매를 강조하고, 마른 몸매가 예쁘고 좋다는 식으로 방송하다 보니 아이들은 연예인들을 동경하는 만큼 그들의 몸매를 따라하게 된다. 여기에 타인의 관심과 평가가 곧 자존감으로 연결되다 보니 부작용이 생겨도 끊지 못하게 되는 것이다. 또는 음식에 대한 어린 시절의 부정적인 경험이 영향을 끼치기도 한다. 현지 엄마는 맞벌이를 했는데, 다른 엄마들처럼 하루 종일 같이 있어주지 못하는 미안함을 '밥'으로 보상해주고 싶은 욕구가 컸다. 그래서 아침

만은 꼭 먹여서 보내겠다는 본인과의 약속을 실천하느라 새벽부터 일어나 밥을 차렸고, 눈곱도 떼지 못한 현지와 아침마다 전쟁을 치렀다. 먹이려는 엄마와 먹지 않으려는 현지의 싸움에서 기어이 승리하는 건 엄마였다. 다문 입을 억지로 벌려서 먹이고, 뱉으려는 입을 틀어막은 채로 씹게 했고, 먹지 않으려는 아이를 때려서라도 먹였다.

미디어와 친구들의 영향 그리고 사춘기에 접어들면서 외모에 대한 관심도 현지의 거식증에 영향을 주었지만, 가장 큰 것은 현지를 열심히 먹이느라, 오히려 현지가 먹는 기쁨을 느낄 기회를 빼앗았던 엄마의 영향이었다. 현지 엄마는 현지에게서 단지 먹는 기쁨만 빼앗은 것이 아니었다. 엄마는 빈 그릇을 보며 만족감과 성취감을 느꼈을지 몰라도 최소한 현지는 그러지 못했다. 현지에게 밥은 굉장히 아픈 기억이었고, 무서운 엄마를 만나는 장(場)이었던 것이다. 그래서 현지는 먹지 않을 때 훨씬 더 안전하고, 편안함을 느끼게 되었다.

"현지가 먹고 싶다면 뭐라도 하겠어요"라고 말하는 현지 엄마의 목소리에는 아이에게 무언가라도 먹이고 싶은 바람과 아이를 잃을 수도 있겠다는 불안이 함께 공존하고 있었지만, 더 이상 현지는 그 목소리에 반응하지 않았다. 밥은 단지 씹고 삼키는 행위가 아니라 그 소통이며, 감동이며, 행복이어야 한다. 지금 아이와 밥 때문에 싸우고 있다면 그것이 엄마의 불안감을 해소하기 위한 것인지, 아이의 욕구인지를 먼저 살펴야 한다.

아이가 먹지 않는 것에 유난히 불안해하는 엄마가 있다. 입이 짧은 아이일 수도 있고, 특정 음식에 대해 거부감을 가졌을 수도 있다. 하지만 배고픔을 느끼지 못하는 아이는 없다. 아이가 먹는 즐거움을 경험할 수 있도록 배려하고, 식사 자리에서 충분한 느낌과 소감, 감사를 나눌 수 있도록, 매일의 식탁이 즐거울 수 있도록 부모는 노력해야 할 것이다.

성격은 다름이지 틀림이 아니다

Q. 요즘 방학이라 아이랑 온종일 같이 있다 보니 학교 다닐 때는 안 보였던 것들이 보이더라고요. 특히 정리하고 치우는 청소 문제로 어제도 아이랑 한 판 했어요. 치우라고 말하는 게 잘못은 아닌데, 아이는 저한테 왜 간섭하냐고 하고, 자기도 나름 치운 거라면서 되받아치는 거예요. 근데 제가 눈이 없는 것도 아니고, 치운 것 안 치운 것을 구분 못하겠어요? 치우지도 않고 왜 우기냐고 하다가, 너무 화가 나서 애를 한 대 때렸어요. 근데 계속 이렇게 살 수는 없잖아요. 선생님이 객관적으로 판단 좀 해주세요.

서로 다른 성향 때문에 사사건건 부딪히고 매일 다툰다는 연지 엄마는 이제는 거의 포기 상태라며 싸울 기운도 없다고 표현했다. 엄마들은 '내 속에서 나왔지만 나와 너무 다르고, 도저히 이해하기 힘들다'고 호소하고, 아이들은 '엄마가 돼서 이런 것도 이해 못 해주느냐'고 호소한다.

원인은 '다름'이다. 그런데 그것을 '틀렸다'고 하는 순간 문제가 되고, 누군가를 탓하게 되는 것이다. 연지 엄마가 호소하듯 사사건건 부딪히고 이해할 수 없는 것은 성격이 다르기 때문이다. 그런데 세상에 성격이 비슷한 사람은 있어도 같은 사람은 한 명도 없다. 그러니 누구를 만나든 맞지 않는 부분이 보일 수밖에 없다.

성격은 무엇이며, 어떻게 만들어지는 것일까? 성격은 어느 날 갑자기, 부모를 열받게 하려고 만들어지는 것이 아니라 타고난 기질과 환경의 조화로 만들어진다. 그리고 현재 드러나는 성격 때문에 반복적으로 문제가 발생한다면, 노력으로 어느 정도 변화하고 해결할 수 있다. 에너지가 어디로 흐르는지, 정보를 수집하는 기준이 뭔지, 수집된 정보를 가지고 현재 당면한 문제를 해결할 때 어느 것에 더 큰 비중을 두는지, 삶의 방식은 어떤지에 따라 수도 없이 많은 문제가 발생한다. 숲을 보는 유형은 나무를 보는 유형을 이해할 수 없고, 외향형인 사람은 내향형을 답답하다고 표현한다. 정해진 약속보다 그때그때 상황에 맞게 융통성을 발휘하는 것이 더 중요한 사람이 있고, 정리하는 방식도 어떤 이는 네모가 기준이지만 또 어떤 이는 동그라미를 기준으로 정리할 수도 있다. 그 차이를 알지 못하거나 받아들이지 못하면 타인을 비난, 평가, 조롱, 폄하하게 되는데, 가장 가까이 있으면서 가장 침범하기 좋은 타인은 바로 가족이며, 그래서 많은 상처가 가족에서 시작해서 가족에서 끝나게 된다.

파란 안경을 낀 사람과 빨강 안경을 낀 사람이 바라보는 세상의 색깔은 다를 수밖에 없다. 그런데 단지 부모라는 이유로, 아니면 힘이 세고, 돈이 있고, 나이가 많다는 이유로 자신의 색깔만 맞다고 우기면서, '너는 왜 그것밖에 못하냐'고 혼내고 비난한다면 어떻게 되겠는가? 아이는 내가 본 것과 아는 것에 대한 확신이 점점 없어져서 나중에는 아무것도 선택하지도 책임지지도 못하게 된다.

단지 내가 낳은 아이라는 이유로 부모와 성격이 맞아야 한다는 주장은 잘못된 것이다. 한 부모에게서 나온 아이들 중에서도 어떤 아이는 부모와 성향이 맞을 수도 있고, 또 어떤 아이는 정반대로 다를 수도 있다. 중요한 것은 관계 안에서 서로가 얼마나 다른지, 어떻게 다른지 그리고 다름을 좁힐 수 있는 방법에는 뭐가 있는지를 탐색하는 것이다. 그 과정을 통해 관계를 시작하고 유지하고 완성해가는 경험이 바로 인생이기도 하다. 다름을 틀림으로 여기고 잔소리하는 엄마로 인해 연지는 항상 긴장을 달고 살았다. 자기는 불편하지 않은 것들을 불편한 것이라고 배워야 했고, 불편하다고 인정해야 했기 때문이다.

- 방 정리가 되지 않아서
- 먹은 밥그릇을 바로 설거지통에 담그지 않아서
- 시험 준비를 한 달 전부터 하지 않아서
- 빨래를 색깔별로 구분하지 않아서
- 약속 시간에 미리 나가지 않아서

이런 모든 것을 '다름'이 아닌 '틀림'으로 여긴다면 아이의 자존감은 싹을 틔워보지도 못한 채 사라져버릴 것이다.

아이에게 모든 문제의 원인을 돌리고 있었던 연지 엄마는 연지에 대해서는 다 아는 것 같았지만 실제로는 알지 못했고, 무엇보다 자신에 대해서는 더더욱 알지 못했다. 그래서 자신의 틀대로 아이를 평가하고, 자신의 틀에 맞는 행동과 모습만을 기대했다. 그러니 자신의 예상과 다른 연지의 모습은 모두 틀린 것이라고 여길 수밖에 없었다. 또 엄마로부터 항상 틀렸다는 지적과 비난만 들었던 연지는 차츰 엄마 앞에서도, 친구 앞에서도 자기 목소리를 내지 못하는 아이가 되어버렸고, 엄마와의 눈맞춤까지도 회피하게 되었던 것이다. 그렇다면 많은 엄마들이 이렇게 자신의 아이에게 유독 박하게 구는 이유는 뭘까?

엄마 역시 자신에 대해 알지 못하고, 서로 이해하고 이해받는 경험 없이 어른이 되었기 때문이다. 그런 상황에서 엄마가 되어, 아이를 잘 키우고 싶은 욕심과 책임감으로 '힘'을 행사하기 때문이다. 그러나 관계 안에서 발생하는 문제의 원인은 힘의 유무가 아니라 바로 '알지 못함'이다. 그래서 관계 안에서 발생하는 문제를 해결하는 시작은 '나'를 먼저 아는 것이다. 그리고 나를 기준으로 상대가 얼마나 다른지 탐색해가고, 어떻게 다를 수 있는지 보면서 그 간극을 조절해나가는 것이 바로 '관계'인 것이다. 가슴에 손을 얹고 진심으로 자신에게 이 질문을 던져보기 바란다. "Who Am I?"

엄마의 소통력 공부

현진아 지음 | 14,000원

아이들에게 '나중에 크면 알겠지'라는 건 없다
부모의 말과 행동에 따라 내 아이의 인생이 달라진다!

우리 아이가 새로운 사람을 사귀며 관계를 유지해나가기 위해서는 양보, 배려, 공감 등 소통력이 필수다. 관계는 나이와 상관없이 살아가면서 많은 사람이 어려워하는 것 중 하나다. 그만큼 새 학기가 시작되거나 사회생활을 시작할 때 가장 필요한 것은 단연 사회성일 것이다. 그리고 그 사회성의 가장 핵심은 '소통력'이다. 우리 아이가 어디서나 미움받지 않고 사람들과 잘 어울리는 호감형으로 자라길 원하는가? 경청하는 방법, 공감하는 방법, 감정 조절법, 훈육법, 애착 형성법 등 사회성과 소통력 발달의 모든 것을 담았다! 이 책을 통해 우리 아이가 세상 밖으로 한 발짝 나아가기 전 꼭 알아야 할 소통력 공부를 꼭 하길 바란다.

좋은 아빠 혁명

강은정 지음 | 15,000원

'우리 아빠가 새로워졌어요!'
훌륭한 아빠가 되기 위한 21세기형 육아 필독서!

오늘도 아빠들은 육아가 어렵다. 더군다나 넘쳐나는 육아 정보가 더욱 사람을 망설이고 헷갈리게 한다. 하지만 아이의 가장 중요한 인생 파트너는 아빠이며, 포스트 코로나, 4차 산업혁명 등 급변하는 시대와 점점 새로워지는 현대사회에서 아이들이 잘 크려면 아빠의 변화가 필수다! 이제는 단순히 친구 같은 아빠가 아닌 21세기형 아빠의 역할을 해야 할 때다! 아이가 원하는 삶을 살 수 있도록 인생의 길잡이가 되어주고 싶다면 좋은 아빠의 역할이 무엇인지 돌이켜보자. 이 책에 담긴 다양한 실제 사례들과 아빠 역할의 노하우, 부모 양육 태도 진단지, 부부 관계 테스트 등은 그토록 어렵던 '좋은 아빠', '21세기형 아빠'의 길로 안내할 것이다.